ISOTOPENPRAXIS

17. JAHRGANG

1981

AKADEMIE-VERLAG

ISOTOPENPRAXIS

herausgegeben von J. Mühlenpfordt, Berlin · C. F. Weiss†, Leipzig

An unsere Autoren

Die Zeitschrift veröffentlicht Beiträge zu folgenden Themen: Kontrolle und Analyse radioaktiver und stabiler Isotope, Anwendung radioaktiver und stabiler Isotope in allen Gebieten der Forschung und Technik, der Industrie, Landwirtschaft und Medizin, Herstellung radioaktiver und stabiler Isotope sowie von markierten Verbindungen, kernelektronische Geräte für die Isotopenanwendung (Dickenmesser, Dichtemesser u. ä.) Detektoren für isotopentechnische Arbeiten und den Strahlenschutz in Isotopenlaboratorien, Meßtechnik und Strahlenschutz, Dosimetrie in Isotopenlaboratorien, kerntechnische Geräte für die Isotopenanwendung (Betron, Bestrahlungsanlagen u. ä.), Strahlenchemie, Radiochemie, ökonomische und perspektivische Fragen, Fragen der Weiterbildung.

1. Aufnahme von Manuskripten

Zur Veröffentlichung angenommen werden nur druckreife, noch nicht anderweitig publizierte Beiträge in deutscher, englischer oder russischer Sprache zum Themenbereich der Zeitschrift und zwar

- Originalarbeiten
- Kurze Originalmitteilungen
- Aus der Praxis
- Zusammenfassende Berichte
- Tagungsberichte
- Informationen.

Sind der Beitrag oder Teile daraus bereits veröffentlicht oder ist eine anderweitige Veröffentlichung vorgesehen, so muß dies der Redaktion mit genauer Angabe der Zweitveröffentlichung mitgeteilt werden. Mit der Annahme des Manuskriptes behält sich der Verlag das Recht der Vervielfältigung, Verbreitung und Übersetzung innerhalb der gesetzlichen Schutzfrist vor. Auszugsweiser Nachdruck oder photomechanische u. a. Wiedergabe sind an eine schriftliche Genehmigung des Verlages gebunden. Manuskripte, Zeichnungen und Photos von veröffentlichten Arbeiten werden nur auf den besonderen und bis zum Zeitpunkt der Veröffentlichung mitgeteilten Wunsch des Autors zurückgesandt.

Bei der unverlangten Einreichung von Manuskripten wird empfohlen, eine Befürwortung eines der Herausgeber oder Redaktionsausschußmitglieder beizufügen.

Manuskripte sind einzureichen bei der Redaktion, DDR-1080 Berlin, Leipziger Str. 3–4.

2. Form der Manuskripte

Die Autoren werden gebeten:
2 Manuskripte, eines davon in Original-Maschinenschrift, einseitig und mit 2zeiligem Abstand einzureichen; gut leserliche Photokopien sind zulässig; auf dem 1. Blatt (unter Weglassung der Bezeichnung)

den Titel der Arbeit
Vorname-Initialen und Namen sämtlicher Autoren
gegebenenfalls die Institution, in der sie tätig sind
eine kurze Zusammenfassung der Arbeit von höchstens 15 Zeilen
Keywords in alphabetischer Reihenfolge und
als Fußnote die Anschrift der Institution anzugeben;

wenn möglich auf gesonderten Blättern Namen, Titel der Arbeit und Zusammenfassung in den beiden anderen obengenannten Sprachen 2fach beizufügen;
Literaturhinweise (fortlaufend numeriert), Fußnoten, Tabellen, Abbildungen (in 2–3facher Veröffentlichungsgröße), Abbildungsunterschriften (getrennt von den Abbildungen, mit Zeichenerklärungen, Quellenangaben, falls erforderlich, und gegebenenfalls mit einem Vermerk für besondere Wünsche bezüglich der Abbildungsgröße), private und Dienstanschrift der Verfasser mit akademischen Titeln und ausgeschriebenen Vornamen auf besonderen Blättern ans Ende des Manuskriptes zu stellen;

Wünsche für den Kolumnentitel (Seitenüberschrift) bekanntzugeben;
Absätze durch Einzüge von mindestens 3 Anschlägen kenntlich zu machen;
die Maßeinheiten des SI-Systems ("Systéme International") zu verwenden;
Korrekturen im Manuskript unmittelbar an der zu korrigierenden Stelle anzubringen;
Formeln deutlich lesbar und möglichst groß einzutragen;
Farbabbildungen und nachträgliche Änderungen oder Ergänzungen in Abbildungen zu vermeiden;
hervorzuhebende Textstellen zu unterstreichen, und zwar halbfetten Satz mit einer geraden schwarzen Linie, kursiven Satz (Schrägschrift) mit einer blauen Wellenlinie (alle Eigennamen). Sperrungen gestrichelt;
besondere Buchstaben durch farbige Unterstreichung zu kennzeichnen, und zwar Formelzeichen in

Griechisch-Kursiv ($\alpha, \beta, \ldots$) rot,
Kursiv ($A, B, \ldots$) blau
halbfetter Kursiv ($\boldsymbol{A}, \boldsymbol{B}, \ldots$) 2 Linien blau (Vektoren),
halbfetter Grotesk ($\mathbf{A}, \mathbf{B}, \ldots$) 2 Linien violett (Tensoren);

bei Literaturangaben auf Vollständigkeit zu achten. In nachstehender Reihenfolge müssen angegeben sein:

a) bei *Zeitschriften*: Vorname-Initialen und Namen sämtlicher Autoren Titel der Zeitschrift (nach „Periodica Chimica" oder möglichst wenig gekürzt), Bandnummer (unterstrichen), Jahreszahl (in Klammern), Heftnummer (nur bei Zeitschriften, die jedes Heft mit S. 1 beginnen) sowie die Seitenzahl, auf der die zitierte Arbeit beginnt.

b) bei *Büchern*: Initialen der Vornamen und Name des Autors (Herausgeber werden durch den Zusatz „ed." gekennzeichnet), voll ausgeschriebener Titel des Buches in der Originalsprache, evtl. Bandnummer, voll ausgeschriebener Name des Verlages, Nummer der Auflage (außer der ersten), Erscheinungsort(e), Erscheinungsjahr (hier nicht in Klammern setzen!) und evtl. Kapitelnummer, Seitenzahl u. ä.

c) bei *Sammelbänden*, *Tagungsberichten*: Es soll zusätzlich der Titel des zitierten Beitrags angegeben werden. Die Seitenzahl muß unbedingt angegeben werden. Aus dem Zitat muß hervorgehen, ob es sich um einen Tagungssammelband oder um einen noch nicht veröffentlichten Vortrag handelt. Zwischen Tagungsort und Erscheinungsort des entsprechenden Tagungsberichts ist zu unterscheiden.

3. Korrekturen

Der Autor erhält zwei Umbruchabzüge, von denen einer möglichst schnell korrigiert an die Redaktion zurückgereicht werden soll. Auf Wunsch des Autors kann die Korrektur auch von der Redakion gelesen werden.

Durch nachträgliche Manuskriptänderungen verursachte Korrekturkosten gehen, sofern sie 10% der Satzkosten übersteigen zu Lasten des Autors.

Der Autor erhält 50 Sonderdrucke kostenlos. Weitere Sonderdrucke können bis zur Rückgabe der Korrekturabzüge auf Kosten des Autors bei der Redaktion bestellt werden.

Bezugsmöglichkeiten

Bestellungen sind zu richten

- **in der DDR** an den Postzeitungsvertrieb; an eine Buchhandlung oder an den AKADEMIE-VERLAG, DDR-1086 Berlin, Leipziger Straße 3–4
- **im sozialistischen Ausland** an eine Buchhandlung für fremdsprachige Literatur oder an den zuständigen Postzeitungsvertrieb
- **in der BRD und Berlin(West)** an eine Buchhandlung oder an die Auslieferungsstelle KUNST UND WISSEN, Erich Bieber, 7000 Stuttgart 1, Wilhelmstraße 4–6
- **in den übrigen westeuropäischen Ländern** an eine Buchhandlung oder an die Auslieferungsstelle KUNST UND WISSEN, Erich Bieber GmbH, CH-8008 Zürich/Schweiz, Dufourstraße 51
- **im übrigen Ausland** an den Internationalen Buch- und Zeitschriftenhandel; den Buchexport, Volkseigener Außenhandelsbetrieb der Deutschen Demokratischen Republik, DDR-7010 Leipzig, Postfach 160, oder an den AKADEMIE-VERLAG, DDR-1086 Berlin, Leipziger Straße 3–4

Zeitschrift „Isotopenpraxis"

Herausgeber: Im Auftrag des Akademie-Verlages herausgegeben von Prof. Dr. Justus Mühlenpfordt und Prof. Dr. Carl Friedrich Weiss†
Verlag: Akademie-Verlag, DDR-1086 Berlin, Leipziger Straße 3–4; Fernruf 2236221 oder 2236229; Telex-Nr. 114420;
Bank: Staatsbank der DDR, Berlin, Kto.-Nr.: 6836-26-20712
Chefredakteur: Dr. Klaus Uhlig†, Berlin
Anschrift der Redaktion (Fernruf: Frau H. Schier: 6351177) der Zeitschrift Isotopenpraxis: Akademie-Verlag, DDR-1086 Berlin, Leipziger Str. 3–4
Veröffentlicht unter der Lizenznummer 1527 des Presseamtes beim Vorsitzenden des Ministerrates der Deutschen Demokratischen Republik
Gesamtherstellung: VEB Druckerei „Thomas Müntzer", DDR-5820 Bad Langensalza
Erscheinungsweise: Die Zeitschrift „Isotopenpraxis" erscheint monatlich. Die 12 Hefte eines Jahrganges bilden einen Band. Bezugspreis je Band 180,– M zuzüglich Versandspesen (Preis für die DDR 108,– M), Preis je Heft 15,– (Preis für die DDR 9,– M)
Bestellnummer dieses Bandes: 1079/17.

AN (EDV) 12831

Autoren- und Inhaltsverzeichnis

* = zusammenfassender Bericht bzw. Fortschrittsbericht

Sachverzeichnis

(nach Keywords)

T

ISSN 0021-1915

17. JAHRGANG · SEITEN 1—40 · BERLIN JANUAR 1981

IPRAX 17 17 (1) 1—40 (1981) 32036

1

isotopenpraxis

EVP 9,— M

AKADEMIE-VERLAG

ISOTOPENPRAXIS

herausgegeben von J. Mühlenpfordt, Berlin · C. F. Weiss, Leipzig

An unsere Autoren

Die Zeitschrift veröffentlicht Beiträge zu folgenden Themen: Kontrolle und Analyse radioaktiver und stabiler Isotope, Anwendung radioaktiver und stabiler Isotope in allen Gebieten der Forschung und Technik, der Industrie, Landwirtschaft und Medizin, Herstellung radioaktiver und stabiler Isotope sowie von markierten Verbindungen, kernelektronische Geräte für die Isotopenanwendung (Dickenmesser, Dichtemesser u. ä.) Detektoren für isotopentechnische Arbeiten und den Strahlenschutz in Isotopenlaboratorien, Meßtechnik und Strahlenschutz, Dosimetrie in Isotopenlaboratorien, kerntechnische Geräte für die Isotopenanwendung (Beton, Bestrahlungsanlagen u. ä.), Strahlenchemie, Radiochemie, ökonomische und perspektivische Fragen, Fragen der Weiterbildung.

1. Aufnahme von Manuskripten

Zur Veröffentlichung angenommen werden nur durckreife, noch nicht anderweitig publizierte Beiträge in deutscher, englischer oder russischer Sprache zum Themenbereich der Zeitschrift und zwar

- Originalarbeiten
- Kurze Originalmitteilungen
- Aus der Praxis
- Zusammenfassende Berichte
- Tagungsberichte
- Informationen.

Sind der Beitrag oder Teile daraus bereits veröffentlicht oder ist eine anderweitige Veröffentlichung vorgesehen, so muß dies der Redaktion mit genauer Angabe der Zweitveröffentlichung mitgeteilt werden. Mit der Annahme des Manuskriptes behält sich der Verlag das Recht der Vervielfältigung, Verbreitung und Übersetzung innerhalb der gesetzlichen Schutzfrist vor. Auszugsweiser Nachdruck oder photomechanische u. a. Wiedergabe sind an eine schriftliche Genehmigung des Verlages gebunden. Manuskripte, Zeichnungen und Photos von veröffentlichten Arbeiten werden nur auf den besonderen und bis zum Zeitpunkt der Veröffentlichung mitgeteilten Wunsch des Autors zurückgesandt.

Bei der unverlangten Einreichung von Manuskripten wird empfohlen, eine Befürwortung eines der Herausgeber oder Redaktionsausschußmitglieder beizufügen.

Manuskripte sind einzureichen bei der Redaktion, DDR-1080 Berlin, Leipziger Str. 3–4.

2. Form der Manuskripte

Die Autoren werden gebeten:

2 Manuskripte, eines davon in Original-Maschinenschrift, einseitig und mit 2zeiligem Abstand einzureichen; gut leserliche Photokopien sind zulässig; auf dem 1. Blatt (unter Weglassung der Bezeichnung)

- den Titel der Arbeit
- Vorname-Initialen und Namen sämtlicher Autoren
- gegebenenfalls die Institution, in der sie tätig sind
- eipe kurze Zusammenfassung der Arbeit von höchstens 15 Zeilen
- Keywords in alphabetischer Reihenfolge und
- als Fußnote die Anschrift der Institution anzugeben;

wenn möglich auf gesonderten Blättern Namen, Titel der Arbeit und Zusammenfassung in den beiden anderen obengenannten Sprachen 2fach beizufügen:

Literaturhinweise (fortlaufend numeriert), Fußnoten, Tabellen, Abbildungen (in etwa 2facher Veröffentlichungsgröße), Abbildungsunterschriften (getrennt von den Abbildungen, mit Zeichenerklärungen, Quellenangaben, falls erforderlich, und gegebenenfalls mit einem Vermerk für besondere Wünsche bezüglich der Abbildungsgröße), private und Dienstanschrift der Verfasser mit akademischen Titeln und ausgeschriebenen Vornamen auf besonderen Blättern ans Ende des Manuskriptes zu stellen;

Wünsche für den Kolumnentitel (Seitenüberschrift) bekanntzugeben;

Absätze durch Einzüge von mindestens 3 Anschlägen kenntlich zu machen;

die Maßeinheiten des SI-Systems ("Systéme International") zu verwenden;

Korrekturen im Manuskript unmittelbar an der zu korrigierenden Stelle anzubringen;

Formeln deutlich lesbar und möglichst groß einzutragen;

Farbabbildungen und nachträgliche Änderungen oder Ergänzungen in Abbildungen zu vermeiden;

hervorzuhebende Textstellen zu unterstreichen, und zwar halbfetten Satz mit einer geraden schwarzen Linie, kursiven Satz (Schrägschrift) mit einer blauen Wellenlinie (alle Eigennamen). Sperrungen gestrichelt;

besondere Buchstaben durch farbige Unterstreichung zu kennzeichnen, und zwar Formelzeichen in

- Griechisch-Kursiv (α, β, ...) rot,
- Kursiv (A, B, ...) blau
- halbfetter Kursiv ($\boldsymbol{A}$, $\boldsymbol{B}$, ...) 2 Linien blau (Vektoren),
- halbfetter Grotesk (**A**, **B**, ...) 2 Linien violett (Tensoren);

bei Literaturangaben auf Vollständigkeit zu achten. In nachstehender Reihenfolge müssen angegeben sein:

a) bei *Zeitschriften*: Vorname-Initialen und Namen sämtlicher Autoren, Titel der Zeitschrift (nach „Periodica Chimica" oder möglichst wenig gekürzt), Bandnummer (unterstrichen), Jahreszahl (in Klammern), Heftnummer (nur bei Zeitschriften, die jedes Heft mit S. 1 beginnen) sowie die Seitenzahl, auf der die zitierte Arbeit beginnt.

b) bei *Büchern*: Initialen der Vornamen und Name des Autors (Herausgeber werden durch den Zusatz „ed." gekennzeichnet), voll ausgeschriebener Titel des Buches in der Originalsprache, evtl. Bandnummer, voll ausgeschriebener Name des Verlages, Nummer der Auflage (außer der ersten), Erscheinungsort(e), Erscheinungsjahr (hier nicht in Klammern setzen!) und evtl. Kapitelnummer, Seitenzahl u. ä.

c) bei *Sammelbänden, Tagungsberichten*: Es soll zusätzlich der Titel des zitierten Beitrags angegeben werden. Die Seitenzahl muß unbedingt angegeben werden. Aus dem Zitat muß hervorgehen, ob es sich um einen Tagungssammelband oder um einen noch nicht veröffentlichten Vortrag handelt. Zwischen Tagungsort und Erscheinungsort des entsprechenden Tagungsberichts ist zu unterscheiden.

3. Korrekturen

Der Autor erhält zwei Umbruchabzüge, von denen einer möglichst schnell korrigiert an die Redaktion zurückgereicht werden soll. Auf Wunsch des Autors kann die Korrektur auch von der Redaktion geelesen werden.

Durch nachträgliche Manuskriptänderungen verursachte Korrekturkosten gehen, sofern sie 10% der Satzkosten übersteigen zu Lasten des Autors.

Der Autor erhält 50 Sonderdrucke kostenlos. Weitere Sonderdrucke können bis zur Rückgabe der Korrekturabzüge auf Kosten des Autors bei der Redaktion bestellt werden.

Bezugsmöglichkeiten

Bestellungen sind zu richten

- **in der DDR** an den Postzeitungsvertrieb; an eine Buchhandlung oder an den AKADEMIE-VERLAG, DDR-1080 Berlin, Leipziger Straße 3–4
- **im sozialistischen Ausland** an eine Buchhandlung für fremdsprachige Literatur oder an den zuständigen Postzeitungsvertrieb
- **in der BRD und Berlin(West)** an eine Buchhandlung oder an die Auslieferungsstelle KUNST UND WISSEN, Erich Bieber OHG, D-7000 Stuttgart 1, Wilhelmstraße 4–6
- **in Österreich** an den Globus-Buchvertrieb, A-1201 Wien, Höchstädtplatz 3
- **in den übrigen westeuropäischen Ländern** an eine Buchhandlung oder an die Auslieferungsstelle KUNST UND WISSEN, Erich Bieber GmbH, CH-8008 Zürich/Schweiz, Dufourstraße 51
- **im übrigen Ausland** an den Internationalen Buch- und Zeitschriftenhandel; den Buchexport, Volkseigener Außenhandelsbetrieb der Deutschen Demokratischen Republik, DDR-7010 Leipzig, Postfach 160; oder an den AKADEMIE-VERLAG, DDR-1080 Berlin, Leipziger Straße 3–4

Zeitschrift „Isotopenpraxis"

Herausgeber: Im Auftrag des Akademie-Verlages herausgegeben von Prof. Dr. Justus Mühlenpfordt und Prof. Dr. Carl Friedrich Weiss
Verlag: Akademie-Verlag, DDR-1080 Berlin, Leipziger Straße 3–4; Fernruf: 2236221 oder 2236229; Telex-Nr.: 114420;
Bank: Staatsbank der DDR, Berlin, Kto.-Nr.: 6836-26-20712
Chefredakteur: Dr. Klaus Uhlig, Berlin
Anschrift der Redaktion (Fernruf: 6351177) der Zeitschrift Isotopenpraxis: Akademie-Verlag, DDR-1080 Berlin, Leipziger Str. 3–4
Veröffentlicht unter der Lizenznummer 1527 des Presseamtes beim Vorsitzenden des Ministerrates der Deutschen Demokratischen Republik
Gesamtherstellung: VEB Druckerei „Thomas Müntzer", DDR-5820 Bad Langensalza
Erscheinungsweise: Die Zeitschrift „Isotopenpraxis" erscheint monatlich. Die 12 Hefte eines Jahrganges bilden einen Band. Bezugspreis je Band 180,— M zuzüglich Versandspesen Preis für die DDR 108,— M) Preis je Heft 15,— (Preis für die DDR 9,— M)
Bestellnummer dieses Heftes: 1079/17/1

AN (EDV) 12831

ISSN 0021-1915

ISOTOPENPRAXIS

Band 17 (1981) Heft 1, S. 1—40

Redaktion und Verlag: Akademie-Verlag, Redaktion Isotopenpraxis, 1080 Berlin, Leipziger Straße 3—4

Inhaltsverzeichnis

(Fortsetzung des Inhaltsverzeichnisses auf der Rückseite des 2. gelben Blattes)

ISOTOPENPRAXIS

Band 17 (1981) Heft 1. S. 1–40

Redaktion und Verlag: Akademie-Verlag, Redaktion Isotopenpraxis, 1080 Berlin, Leipziger Straße 3–4

Contents

In preparing technetium compounds which are pure from the radionuclide and radiochemical point of view it is convenient to use the solvent extraction of heptavalent technetium. The distribution of tetraphenylarsonium pertechnetate among water and chloroform and its adsorption properties in the organic phase are described. Carbon tetrachloride is a favourable diluent in the extraction of tri-n-octylaminopertechnetate as compared with other organic solvents. The distribution of tri-n-octylaminopertechnetate from nitric acid solution in carbon tetrachloride is discussed. The dependences of the separation factors of rhenium, neptunium and some fission products in the extraction of tri-n-octylaminopertechnetate are given for different nitric acid concentrations.

For the cross section of the reactions $^{84}Sr(n,p)^{84}Rb$ and $^{86}Sr(n,p)^{86}Rb$ with fission neutrons the values 3.2 ± 0.17 mb and 0.28 ± 0.02 mb respectively were found. The correspondence of experimental values with values calculated by Roy and Hawton as well as by Calamand is discussed.

Use of soft quantum radiation for the measurement of weight per unit area through utilization of the attenuation photoeffect offers advantages against the use of beta radiation. With proper dosage of the energy fractions, polychromatic radiation renders possible influencing of the transmission curve in a way as to easily achieve linearization of calibration curves as well as extension of the range of measurement, without having to use complex evaluation algorithms, e.g. with simulation of transmission curves. Within the energy range of characteristic roentgen radiation, secondary target sources with radioactive primary emitter and secondary targets composed by several elements offer excellent possibilities to accomplish this option of influencing the transmission curves with actual-value measurement relatively dependent on material parameters, as is shown on the example of the measuremant of aluminium sheet.

Содержание

Для получения чистых с точки зрения радионуклидов и радиохимим соединений технеция пригодно применение метода экстракции растворителя семивалентного технеция. Описываются распределение в воде и хлороформе и свойства адсорбции в органической фазе пертехнетата тетрафениларсония. По сравнению с другими органическими растворителями тетрахлорметан оказывается выгодным для экстракции пертехнетата три-n-октиламина растворителем. Обсуждается распределение полученного из раствора азотной кислоты пертехнетата октиламина в тетрахлорметане. Приводится зависимость коэффициентов разделения рения, нептуния и некоторых продуктов деления при экстракции пертехнетата три-n-октиламина применительно к разным концентрациям азотной кислоты.

В отношении эффективного сечения реакций $^{84}Sr(n,p)^{84}Rb$ $^{86}Sr(n,p)$ и × ^{86}Rb с нейтронами деления были получены величины 3,2 ± 0,17 *mb* и 0,28 ± 0,02 *mb* соответственно. Обсуждается соответствие экспериментальных данных с расчетными данными Роя и Ютона, а также Каламанда.

Применение для измерения веса на единицу площади мягкого квантового излучения с использованием возникающего в связи с ослаблением фотоэффекта имеет преимущества перед бета-излучением. При правильной дозировке отдельных фракций энергии, немонохроматическое излучение позволяет воздействовать на кривую прохождения так, чтобы легко удалось получить как линеаризацию эталонной кривой, так и расширение диапазона измерения, без возникновения необходимости применения например сложных алгоритмов обработки результатов вычисления, как-то с моделированием кривых прохождения. В диапазоне энергии характеристического рентгеновского излучения вторичные источники-мишени с первичным радиоактивным излучателем и составленной из некоторых элементов вторичной мишенью предоставляют изумительные возможности осуществления этого предложения для направленного воздействия на кривую прохождения с зависяшим от вещества измерением действетильных величин. Это показывается на примере измерения алюминевого листа.

Zum 80. Geburtstag von Carl Friedrich Weiss

Am 24. Januar 1981 vollendet Akademiemitglied Prof. Dr. *Carl Friedrich Weiss* sein 80. Lebensjahr. Dieses Ereignis ist uns Anlaß, einige der wichtigsten Etappen dieses erfolgreichen und erfüllten Wissenschaftlerlebens kurz darzulegen und zu würdigen.

Es ist im Rahmen dieses Beitrages nicht möglich, das Leben, das Wirken und die Persönlichkeit des Jubilars, seine Verdienste in der Wissenschaft, speziell auf dem Gebiet der Erforschung und Anwendung der Radioaktivität, adäquat zu würdigen. Vieles Wertvolle und vieles Interessante muß daher unausgesprochen bleiben.

C. F. Weiss wurde 1901 in Leipzig geboren. Er besuchte dort die Grund- und Oberschule bis zum Abitur und studierte anschließend an der Universität Breslau Physik. Mit der Promotionsarbeit

> „Über die Bestimmung korrespondierender Übergangswahrscheinlichkeiten auf einen angeregten Zustand des Natriumatoms"

schloß er dort 1928 sein Studium sehr erfolgreich ab.

Von 1928 bis 1931 war er Oberassistent am Physikalischen Institut der Universität Gießen und ging im Jahre 1931 nach Berlin an die Physikalisch-technische Reichsanstalt. Dort arbeitete er etwa 15 Jahre bis zum Ende des 2. Weltkrieges und war Oberregierungsrat und Dienststellenleiter. Angeregt von den Arbeiten Otto Hahns hat er sich mit den natürlich vorkommenden Radioelementen beschäftigt; sein besonderes Interesse galt dabei dem Radium und seinen Folgeprodukten. So hat er z.B. aus mehreren Tonnen Rückstand der Bleiproduktion in zum Teil sehr mühevoller Kristallisationsarbeit für damalige Verhältnisse „starke" und sehr wertvolle RaD (^{210}Po)-Präparate gewonnen und daraus absolut graduierte Standardpräparate hergestellt.

Von 1945 bis 1955 arbeitete *C. F. Weiss* als Spezialist in der UdSSR.

Gleich nach seiner Rückkehr in die DDR wurde nach seinen Plänen das Institut für angewandte Radioaktivität in Leipzig errichtet, dessen Direktor er wurde.

C. F. Weiss habilitierte sich 1956 an der Karl-Marx-Universität und wurde dort zum Professor mit vollem Lehrauftrag berufen. Auch in dem neuen und modern eingerichteten Institut galt seine besondere Liebe und sein besonderes Interesse der Herstellung und Graduierung von radioaktiven Standardpräparaten. Im Zuge dieser Metrologie radioaktiver Quellen wurde in jahrelanger Arbeit eine Vielzahl von absoluten und relativen Meßverfahren entwickelt, mit deren Hilfe eine für damalige Verhältnisse bemerkenswert hohe Meßgenauigkeit erzielt werden konnte. Wie weit allerdings die von *Weiss* geübte Methode der Aktivitätsbestimmung von Alphastrahlern an Hand der Erfassung des entstehenden Ozons mit der Nase diesem hohen Genauigkeitsanspruch entsprach, ist leider im Schrifttum nicht ausgewiesen.

Obwohl von Hause aus Physiker, hatte *C. F. Weiss* eine große Neigung zur Radiochemie und hat umfangreiche radiochemische Arbeiten selbst durchgeführt. In dieser glücklichen Verknüpfung zwischen Physik und Chemie sind wohl auch die Erfolge, die der Jubilar mit dem neuen Institut in den 50iger und 60iger Jahren aufzuweisen hatte, begründet. So wurden von *C. F. Weiss* neben der relativen und absoluten Metrologie radioaktiver Stoffe Arbeiten zu allgemeinen Grundfragen der Wechselwirkung von Strahlung und Materie, der Gasionisationsanalyse, der Radiochemie und der Komplexchemie spezieller seltener Radioelemente, auch Probleme der Radiometrie, der Tracertechnik und deren praktische Nutzanwendung in der Volkswirtschaft angeregt und gefördert. *C. F. Weiss* ist einer derjenigen, die schon frühzeitig erkannten, daß die Naturwissenschaften nicht eine Art akademische Beschäftigung sind, sondern daß die wissenschaftlichen Erkenntnisse dem Wohle und der Entwicklung der Gesellschaft direkt dienen müssen. Unter diesem Gesichtspunkt hat *C. F. Weiss* nach seiner Rückkehr aus der Sowjetunion seinen Auftrag aufgefaßt, ein Institut für angewandte Radioaktivität aufzubauen und interdisziplinäre Forscherkollektive auszubilden und zu entwickeln.

Durch seine Lehrtätigkeit an der KMU ging nebenher ein von ihm schon lange gehegter Wunsch, nämlich seine Kenntnisse und Erfahrungen an junge Menschen auch in der Lehre weiterzuvermitteln, in Erfüllung.

Weiterhin hat er sein umfangreiches Wissen und seine Erfahrungen u. a. als Autor und Mitautor von Fachbüchern, Monographien und zahlreichen Veröffentlichungen in Fachzeitschriften niedergelegt. All dies hat dazu geführt, daß das Institut und seine Mitarbeiter im In- und Ausland einen ausgezeichneten Ruf genießen.

1961 wurde C. F. Weiss zum korrespondierenden Mitglied der Akademie der Wissenschaften der DDR und 1964 zum ordentlichen Mitglied der Akademie der Wissenschaften der DDR berufen.

Seine fachlichen und gesellschaftlichen Leistungen wurden 1958 mit dem Nationalpreis II. Klasse und 1964 mit der Verdienstmedaille der DDR anerkannt.

Ein erfolgreicher Wissenschaftler, der trotz aller Begeisterung für die wissenschaftliche Arbeit immer wieder Zeit für musische Dinge, insbesondere für die Musik, fand. Alles, was *C. F. Weiss* tut, betreibt er mit großer Sorgfalt und mit seinem ganzen Herzen, er betreibt niemals etwas mit geteilter Aufmerksamkeit, betreffe es nun wissenschaftliche Fragestellungen, das Musizieren, sein Sommerhaus im Thüringer Wald oder Probleme der modernen Literatur und Kunst, immer ist der ganze Mensch dabei; und er hat an erfrischender Spontaneität und Begeisterungsfähigkeit bis heute kaum eingebüßt.

C. F. Weiss wird von seinen Schülern und ehemaligen Mitarbeitern als der Fachmann auf dem Gebiet der Radioaktivität und Radiochemie und als Nestor dieses Gebietes in der DDR anerkannt und verehrt. Verehrt auch als Mensch und „Vater" einer Institutsfamilie, dem nicht nur eine gesunde Arbeitsatmosphäre am Herzen lag, sondern der als Lehrer und Vorbild talentierte junge Mitarbeiter forderte und förderte.

Wenn *C. F. Weiss*, Emeritus in Leipzig und Bechstedt, soweit es seinen Kräften liegt noch immer die Entwicklung der Wissenschaft aktiv verfolgt und durch Gutachten und die Leitung von Qualifizierungsverfahren seinen Beitrag leistet, dann bleibt uns Dank zu sagen für alles, was durch seine Tätigkeit und durch den Einfluß seiner Wissenschaftlerpersönlichkeit entstanden ist. Wir sind uns bewußt, daß wir heute zur Lösung unserer komplizierten Aufgaben noch immer auf die Erfahrungen und Einrichtungen, wie sie seinerzeit unter *C. F. Weiss* geschaffen wurden, zurückgreifen können. In diesem Sinne gilt unser Dank dem Jubilar. Wir wünschen ihm weiterhin Gesundheit und Schaffenskraft und uns gute fachliche und persönliche Kontakte.

H. Koch

Eingegangen am 25. 6. 1980

Originalarbeiten

Solvent Extraction of Heptavalent Technetium

Part I: Solvent Extraction of Tetraphenylarsonium Pertechnetate and Tri-n-octylaminopertechnetate

H. Kupsch, H. Koch

(Zentralinstitut für Isotopen- und Strahlenforschung der Akademie der Wissenschaften der DDR)[1])

Dedicated to Prof. Dr. habil. *C. F. Weiss* on the occasion of his 80th birthday

In preparing technetium compounds which are pure from the radionuclide and radiochemical point of view it is convenient to use the solvent extraction of heptavalent technetium. The distribution of tetraphenylarsonium pertechnetate among water and chloroform and its adsorption properties in the organic phase are described. Carbon tetrachloride is a favourable diluent in the extraction of tri-n-octylaminopertechnetate as compared with other organic solvents. The distribution of tri-n-octylaminopertechnetate from nitric acid solution in carbon tetrachloride is discussed. The dependences of the separation factors of rhenium, neptunium and some fission products in the extraction of tri-n-octylaminopertechnetate are given for different nitric acid concentrations.

Keywords

amines; distribution functions; fission products; organic arsenic compounds; pertechnetates; solvent extraction; technetium compounds

1. Introduction

In the last few years the number of papers on the use of the nuclear medical scintigraphy has drastically increased whereas comparatively few publications have appeared on the isolation and purification of technetium, particularly by means of solvent extraction [1—25].

The great interest in separation processes for the recovery of radiochemically pure technetium compounds has remained unchanged. The separation of fission product technetium from nuclear fuel waste solutions requires effective separation processes. In special applications of the nuclear isomer ^{99m}Tc, such as decay constant variations [26], very stringent requirements concerning purity are placed on the carrier-free pertechnetate solutions. Thus, the methods of coprecipitation, electrolysis, electrophoresis and ion exchange have not proved as suitable as solvent extraction for the preparation of radiochemically pure $^{99m}TcO_4$ solutions which are intended for chemically induced decay constant variation.

To again more insight into the extraction behavoiur of technetium the extractability of Tc(VII) was examined with tetraphenylarsonium chloride in chloroform, cyclohexanone, methylisobutyl ketone and with tri-n-octylamine in carbon tetrachloride.

Tetraphenylarsonium chloride has long been known as an effective agent fo extracting TcO_4^- in chloroform with a highly decontaminating effect on fission nuclides [27]. Besides alcohols and amines, cyclohexanone is a suitable extracting agent for $HTcO_4$ from acid solutions.

2. Experimental

To study the extraction behaviour of Tc(VII) and its decontamination of fission products the following nuclides were used: ^{99}Tc as $NH_4{}^{99}TcO_4$ (Amersham), ^{99m}Tc (Mo-Generator, Isocommerz GmbH), ^{99}Mo as ammonium molybdate (Isocommerz GmbH), ^{186}Re as $HN_4{}^{186}ReO_4$ (Isocommerz GmbH), ^{103}Pd as $^{103}Pd(NO_3)_2$ (Isocommerz GmbH), fission products due to the activation of 2 mg of

[1]) Adress: 7050 Leipzig, Permoserstr. 15

uranium oxide in the reactor of the ZfK, Rossendorf, for 8 or 113 hours with a neutron flux of 4×10^{13} n/cm² · s and subsequent dissolution as nitrate.

All the organic extracting agents and solvents used were of p.a. grade.

Extraction was performed at constant temperature and with equilibration in glass vessels. After phase separation by sedimentation and partly by centrifugation an aliquot was taken from each phase for count rate measurement. The soft beta radiation of ^{99}Tc was detected either with a plastic scintillator or by means of liquid scintillation spectrometry (Tricarb) [28]. The other nuclides were measured either with a NaI(Tl) detector or with a Ge(Li) detector and a multichannel analyzer (Ortec).

Fig. 1. shows a gamma spectrum taken 10 days after activation was completed. 47 lines were evaluated to which 11 fission product nuclides and ^{239}Np could be assigned. With a shorter decay time of 8 hours the 1024 keV line of ^{91}Sr and the 1383 keV line of ^{92}Sr as well as the 934 keV line of ^{92}Y and the 556 keV line of ^{91m}Y could be used for a quantitative evaluation of strontium and yttrium respectively.

The ration of the measured distribution of radionuclides in the organic phase to that in the aqueous phase is called distribution ratio, D:

$$D = \frac{z_{org}}{z_{aqu}}$$

D = distribution ratio
z_{org} = count rate (min⁻¹) of the aliquot in the organic phase
z_{aqu} = count rate (min⁻¹) of the aliquot in the aqueous phase

In some cases the degree of extraction is given in per cent:

$$E = \frac{z_{org}}{z_{org} + z_{aqu}} \cdot 100\ (\%)$$

To characterize decontamination the separation factors are calculated according to

$$\delta = \frac{D_{Tc}}{D_{FP}}$$

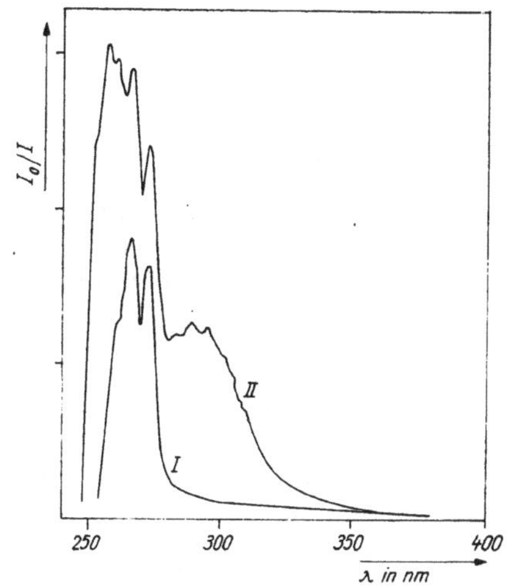

Fig. 2. Ultraviolet absorption spectra of ion associates dissolved in chloroform
I = (TPA⁺Cl⁻); II = (TPA⁺TcO_4^-)

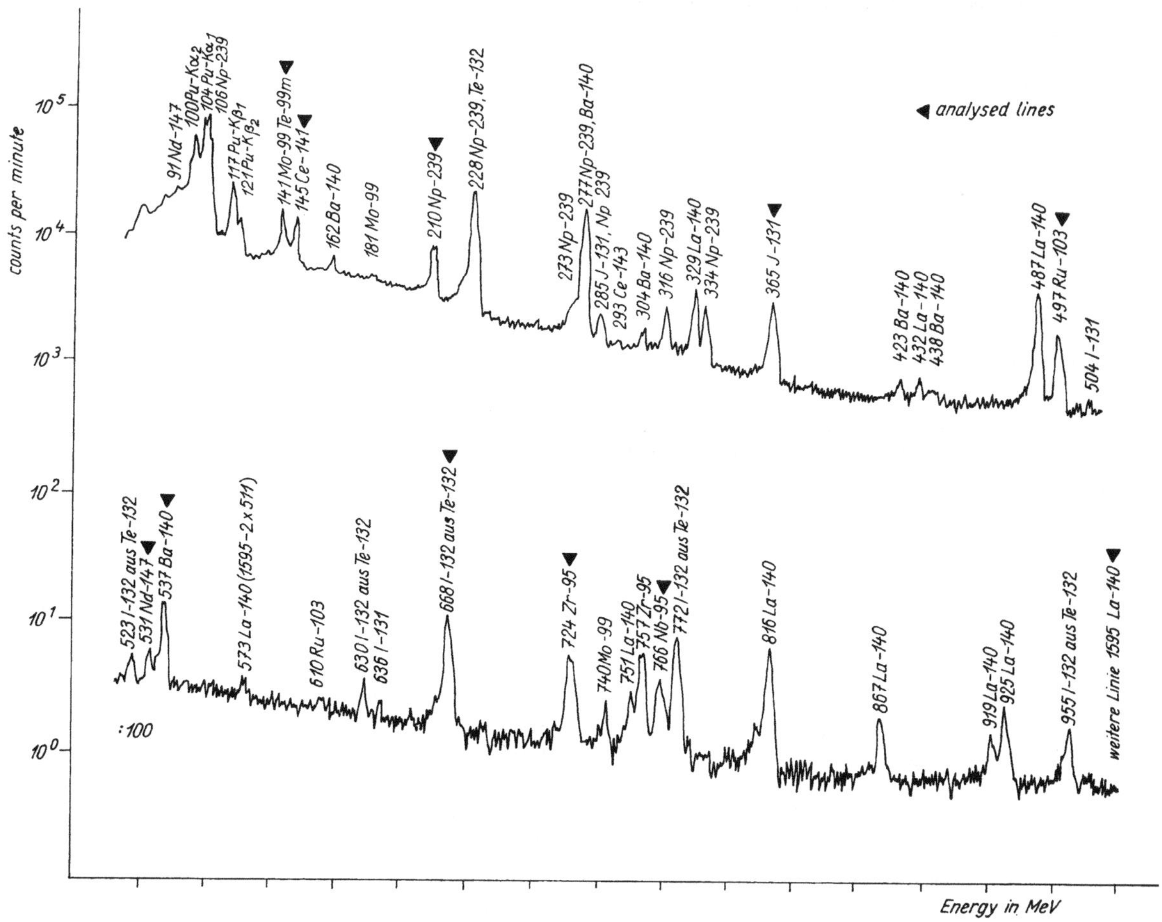

Fig. 1. Gamma spectrum after neutron activation of uranium

D_{Tc} = distribution ration of $HTcO_4$ in the given extraction system

D_{FP} = distribution ration of fission products in the given extraction system.

The extraction of TcO_4^- in the form of the $(TPA^+ TcO_4^-)$ associate was checked spectrometrically (Fig. 2). The characteristic UV spectrum of TcO_4^- was detectable.

3. Results and discussion

3.1. *Extraction of Tc(VII) with tetraphenylarsonium chloride in chloroform*

Dilute solutions of tetraphenylarsonium chloride (TPA) in chloroform ($[TPA] < 10^{-2}$ M) extract TcO_4^- for *p*H values from the alkaline to the weakly acid range with a constantly high distribution ratio. Due to the competing reaction of HCl with TPA the degree of extraction of tetraphenylarsonium pertechnetate is lowered as the acid concentration increases (Fig. 3). The dependence of the distribution ratio D on the tetraphenylarsonium chloride concentration is presented in Fig. 4. According to [29] an extraction equilibrium constant of $k_E = 2 \times 10^6$ was found for the distribution of the $(TPA^+ TcO_4^-)$ associate. With tetraphenylarsonium concentrations of $\geqq 1 \times 10^{-3}$ M colloids are formed in the chloroform phase which give rise to considerable fluctuations in the count rates. Adsorption of the $(TPA^+ TcO_4^-)$ associate from the chloroform phase on various adsorbents takes place also with dilute solutions ($\leqq 1 \times 10^{-3}$ M): adsorbent/degree of adsorption (%): Zeosorb 4 A/10·0; Zeosorb 13 X/25·0; activated charcoal/28·3; silica gel G/98·6.

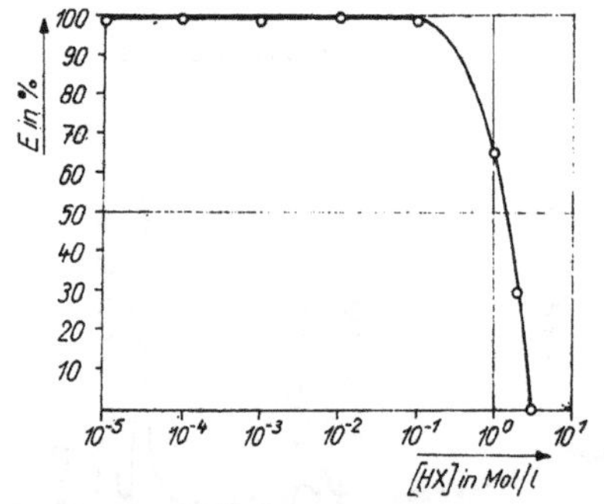

Fig. 3. Dependence of degree of extraction E of tetraphenylarsonium pertechnetate $(TPA^+TcO_4^-)$ on HCl concentration in the solvent system water/chloroform
7×10^{-6} M $[TcO_4^-]$; 1×10^{-3} M [TPA]; T = 295 K

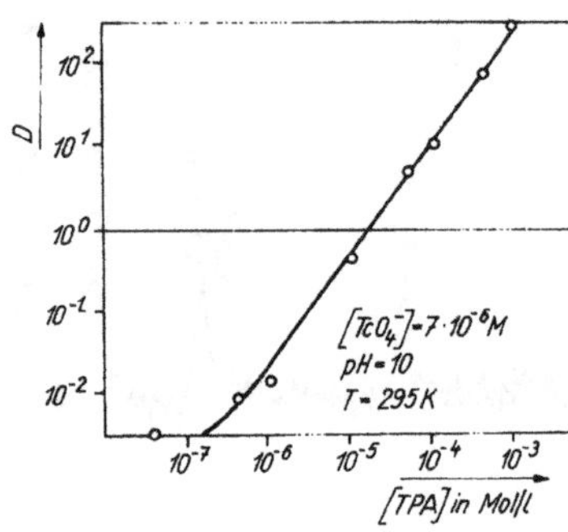

Fig. 4. Dependence of distribution ratio D on the concentration of tetraphenylarsonium chloride in the solvent system water chloroform
7×10^{-6} M $[TcO_4^-]$; pH = 10; T = 295 K

The very high adsorption of the $(TPA^+ TcO_4^-)$ associate on silica gel can be used for isolating $HTcO_4$ from the chloroform phase. The associate is enriched on silica gel and then $HTcO_4$ is eluted by means of some acid: Desorbent/degree of desorption (%): 1 N $HClO_4$/75·5; 1N HNO_3/62·2; 1N HCl/41·0.

3.2. *Extraction of Tc(VII) with tri-n-octylamine in carbon tetrachloride*

As was stated in [16, 23, 24], of the tertiary amines tri-n-octylamine (TOA) is an effective extracting agent for $H^{99}TcO_4$. The solubility of the associate formed by anion exchange or addition in an organic solvent (diluent) is low. It can be improved by adding alcohols or ketones. Thus the properties of the diluent influence the distribution ratio D of $HTcO_4$: diluent (0·1 M TOA)/D; n-hexane, 0·39; cyclohexane, 13·3; xylene, 25·6; benzene, 20·6; toluene, 19·3; carbon tetrachloride, 39·1. Carbon tetrachloride combines the advantages of non-flammability and good phase separation due to its high density.

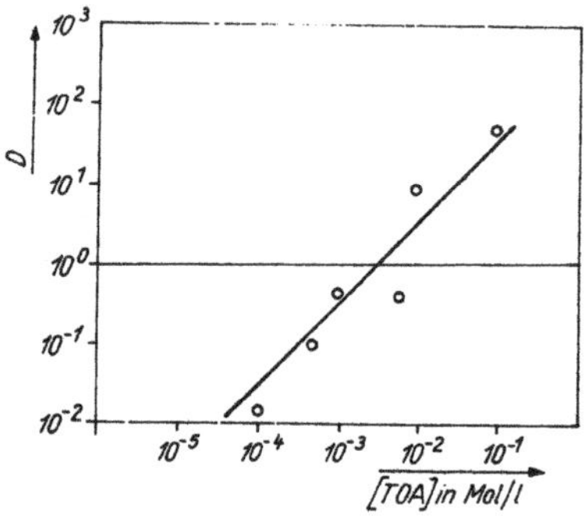

Fig. 5. Dependence of the $HTcO_4$ distribution on the concentration of tri-n-octylamine (TOA) in carbon tetrachloride
1×10^{-5} M $[TcO_4^-]$; 5×10^{-1} M $[HNO_3]$; T = 295 K

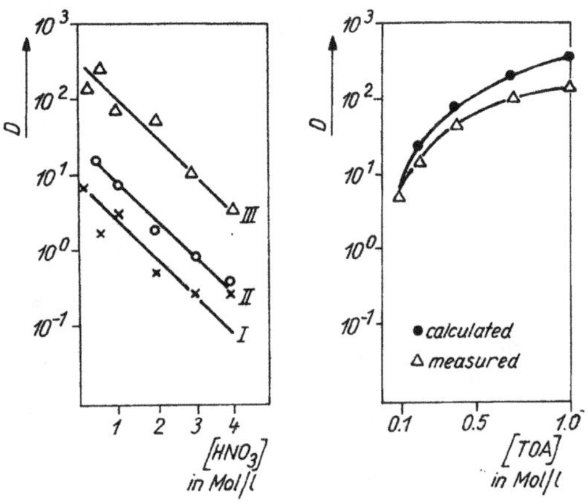

Fig. 6a. Dependence of the $HTcO_4$ distribution on the HNO_3 concentration for two different tri-n-octylamine concentrations in two different diluents
4×10^{-5} M $[TcO_4^-]$; S_t = 15 min; T = 295 K

Fig. 6b. Activity losses of the $(HTcO_4TOA)$ associate due to the formation of a third phase in the solvent system water/carbon tetrachloride
4×10^{-5} M $[TcO_4^-)]$; S_t = 15 min; T = 295 K
● – corrected; Δ – measured

The distribution curve for the $HTcO_4$ extraction with TOA in carbon tetrachloridehas a slope of unity (Fig. 5). If the TOA concentration of 10^{-1} M in carbon tetrachloride is

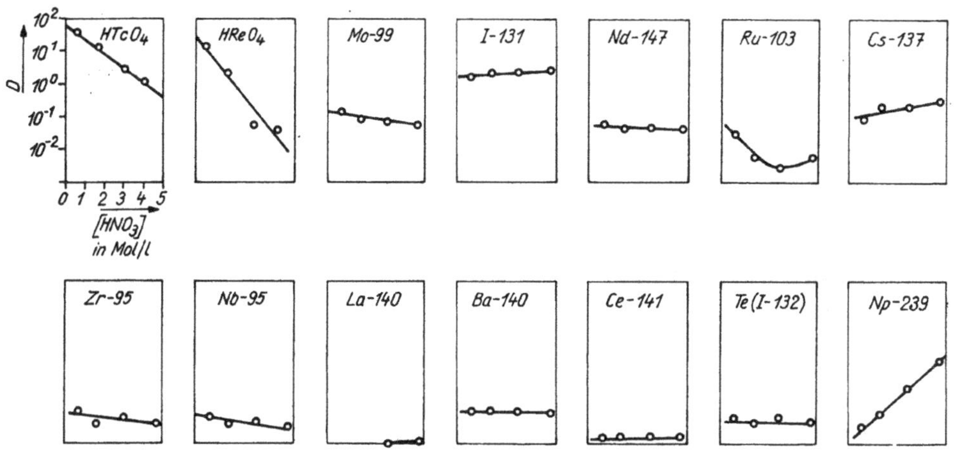

Fig. 7. Dependence of the distribution ratio D of $HTcO_4$, rhenium, neptunium and some fission products on the HNO_3 concentration in the extraction with tri-n-octylamine in the solvent system water/carbon tetrachloride

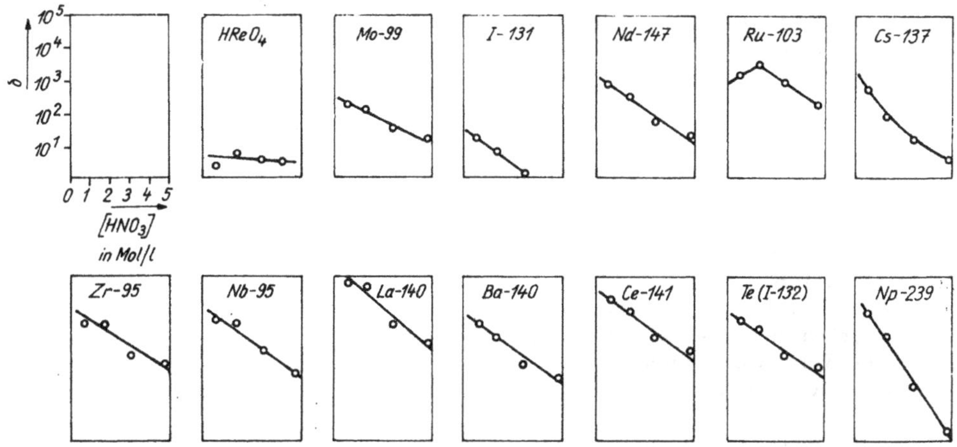

Fig. 8. Dependence of the separation factors of rhenium, neptunium and some fission product nuclides on the HNO_3 concentration in the extraction of $HTcO_4$ with tri-n-octylamine in the solvent system water/carbon tetrachloride

exceeded a third phase is formed resulting in activity losses in the organic phase (Fig. 6a and b). The distribution equilibrium is reached only after 2 minutes.

Fig. 7 and 8 show the dependences of the distribution and the separation factors, respectively, of $HTcO_4$, $HReO_4$, ^{239}Np and some fission products on the nitric acid concentration of the aqueous phase in the extraction with 0·1 M TOA in carbon tetrachloride. For low acidities the decontamination of the fission products and neptunium is quite good. With proper choice of the pH value even the elements rhenium, molybdenum and iodine which are difficult to separate from technetium can be separated in this extraction system, e.g. by means of extraction chromatography. The re-extraction of $HTcO_4$ is carried out quantitatively at $pH \geqq 10$.

We wish to thank Dr. *M. Geisler* for gammaspectrometric measurements.

Received June 25, 1980

References

[1] *C. Perrier, F. Segrè*, J. Chem. Phys. **7** (1939) 155

[2] *G. E. Boyd, Q. V. Larson, E. E. Motta*, Observations on the Chemistry of Element 43 (Abstract No. 48), Symposium on the New Elements, Division of Physical and Inorganic Chemistry, American Chemical Society, Syracuse, N. Y., June 28–30, 1948

[3] *F. Morgan, M. L. Sizeland*, AERE C/M-96, Harwell, England, December 1950

[4] *W. Goishi, W. F. Libby*, J. Amer. Chem. Soc. **74** (1952) 6109

[5] *S. Tribalat, J. Beydon*, Anal Chim. Acta **8** (1953) 22

[6] *J. B. Gerlit*, Proceedings of the 1st Interantional Conference on the Peaceful Uses of Atomic Energy, Vol. 7, Sektion 9 B 2 United Nations, 1956, p. 145

[7] *C. Coleman, F. Kappelman, B. Weaver*, Nucl. Sci. Eng. **8** (1960) 507

[8] *G. E. Boyd, Q. V. Larson*, J. Phys. Chem. **64** (1960) 988

[9] *W. J. Maeck, G. L. Boohan, M. E. Kussy, J. E. Rein*, Anal. Chem. **33** (1961) 1775

[10] *S. J. Bimshaw, G. F. Malling*, Anal. Chem. **33** (1971) 751

[11] *A. F. Kusina, G. S. Tagil, N. N. Samoschnikova, V. I. Spycin*, Dokl. Akad. Nauk SSSR **145** (1962) 106

[12] *M. Attrep*, Anal. Chem. **34** (1962) 1349

[13] *M. H. Campell*, Anal. Chem. **35** (1963) 2052

[14] *J. W. Cobble*, in "Treatise on Analytical Chemistry", *J. M. Kolthoff*, Part II Vol. 6, p. 407, Interscience, New York 1964

[15] *A. A. Zaicev, I. A. Lebedjew, C. W. Piroschkov, G. N. Jakowlew*, Radiochimija **6** (1964) 440

[16] *G. Goldstein, J. A. Daen*, Radiochim. Acta **5** (1966) 18

[17] *R. E. Foster, J. Maeck, J. E. Rein*, Anal. Chem. **39** (1967) 563

[18] *J. Herment*, CEA-N-1316, Sept. 1970

[19] *D. L. Swindle, P. K. Kuroda*, Radiochim. Radioanal. Lett. **7** (1971) 229

[20] *H. K. Awad, V. I. Kusnezov, L. C. Güdim*, Radiochimija **13** (1971) 453

[21] *N. Trautmann, N. Kaffrell, H. W. Behlich, H. Folger, G. Herrmann, D. Hübscher*, Radiochim. Acta **18** (1972) 86

[22] *W. I. Wolk, A. M. Rosen*, Jaderna energie **20** (1974) 380

[23] *F. Macašek*, Radiochim. Radioanal. Lett. **22** (1975) 175
[24] *H. Koch, H. Kupsch, B. Fabian*, Z. f. Chemie (Leipzig) **19** (1979) 136
[25] *K. P. Dostal, H. Kupsch*, Proceedings, Poster-Abstracts, p. 138 5th International Symposium High Purity Materials in Science and Technology, Dresden, GDR, May 5 – 9, 1980
[26] *K. P. Dostal, E. Hartmann, D. Hinneburg, H. Kupsch, M. Nagel, A. Rigo*, Z. f. Naturforschung **330** (1978) 1050
[27] *T. Ishimori*: et al., IAERI **1047** (1962) 1106
[28] *H. Kupsch, M. Jovtschev*, Isotopenpraxis **15** (1979) 1
[29] *A. Kettrup, H. Specker*, Fortschritte der chemischen Forschung **10** (1968) 238

Bestimmung des Wirkungsquerschnittes der Reaktionen $^{86}Sr(n, p)^{86}Rb$ und $Sr^{84}(n,p)^{84}Rb$ mit Spaltneutronen

G. Pfrepper

(Zentralinstitut für Isotopen- und Strahlenforschung der Akademie der Wissenschaften der DDR)[1])

Herrn Prof. Dr. phil. habil. *C. F. Weiss* zum 80. Geburtstag gewidmet

Für den Wirkungsquerschnitt der Reaktionen $^{84}Sr(n,p)^{84}Rb$ und $^{86}Sr(n,p)^{86}Rb$ mit Spaltneutronen wurden Werte von 3,2 ± 0,17 mb bzw. 0,28 ± 0,02 mb erhalten. Die Übereinstimmung der experimentellen Werte mit berechneten Werten von Roy und Hawton sowie Calamand wird diskutiert.

Keywords

cross sections; fission neutrons; neutron reactions; rubidium 84; rubidium 86

Einleitung

Experimentelle Daten für die Wirkungsquerschnitte der Reaktionen $^{84}Sr(n,p)^{84}Rb$ und $^{86}Sr(n,p)^{86}Rb$ mit Spaltneutronen liegen in der Literatur bisher nicht vor. Lediglich *Roy* und *Hawton* sowie *Calamand* geben über die effektive Schwellwertenergie abgeschätzte Werte von 6,5 mb bzw. 8,6 mb für die Reaktion $^{84}Sr(n,p)^{84}Rb$ und 2,0 mb für die Reaktion $^{86}Sr(n,p)^{86}Rb$ an [1, 2].

In der vorliegenden Arbeit wurden im Rahmen von systematischen Untersuchungen zu Wirkungsquerschnitten von Schwellwertreaktionen mit Spaltneutronen beide Reaktionen experimentell untersucht. Der σ_s-Wert der Reaktion $^{86}Sr(n,p)^{86}Rb$ ist auch von praktischem Interesse, da die neutronenaktivierungsanalytische Rb-Bestimmung, z. B. in geologischen Materialien, in den meisten Fällen über ^{86}Rb durchgeführt wird.

Die verwendete Arbeitstechnik wurde in früheren Publikationen bereits ausführlich beschrieben [3, 4].

Den σ_s-Wert der interessierenden Schwellwertreaktion erhält man beim Vergleich ihrer Reaktionsausbeute mit der der (n,γ)-Reaktion, die zum gleichen Tochternuklid führt, entsprechend

$$\sigma_s = \sigma_{th} \cdot \frac{\Phi_{th}}{\Phi_s} \cdot \frac{1}{f_{ki}} \frac{R_{Cd}}{R_{Cd} - 1} \cdot \frac{1}{\bar{R}_{Cd}} \quad (1)$$

σ_s = Wirkungsquerschnitt der Schwellwertreaktion für Spaltneutronen

σ_{th} = Wirkungsquerschnitt der (n,γ)-Reaktion für thermische Neutronen

$\frac{\Phi_{th}}{\Phi_s}$ = Verhältnis der Flußdichten von thermischen und Spaltneutronen

f_{ki} = isotoper Störkoeffizient der Schwellwertreaktion

R_{Cd} = Cd-Verhältnis der (n,γ)-Reaktion

$\bar{R}_{Cd}$ = Cd-Verhältnis der Schwellwertreaktion.

Im vorliegenden Fall wurde $^{85}Rb(n,\gamma)^{86}Rb$ als Vergleichsreaktion genutzt. Da ^{84}Rb über eine (n,γ)-Reaktion nicht gebildet wird, wurde $^{86}Sr(n,p)^{86}Rb$ als Vergleichsreaktion gewählt.

Experimenteller Teil

Als Targetmaterial wurde $SrCO_3$ verwendet, das durch Fällung aus einer $Sr(NO_3)_2$-Lösung mit einem Überschuß Na_2CO_3 bei *p*H 10 dargestellt wurde. Die Lösungen wurden mit bidestilliertem Wasser in Quarzgefäßen hergestellt. Bei diesen Bedingungen konnte experimentell keine Rb-Mitfällung beobachtet werden, so daß der Rb-Gehalt im $SrCO_3$ vernachlässigbar ist.

400 ... 600 mg $SrCO_3$ und 10 ... 15 mg $RbNO_3$ als Standard wurden in Quarzampullen 90 h ... 120 h in verschiedenen Positionen des Forschungsreaktors im ZfK Rossendorf aktiviert. Eine Bestrahlungsserie umfaßte jeweils 4 Proben und 2 Standards.

Nach einer Abkühlzeit von 1 Woche wurden die $SrCO_3$-Proben in Gegenwart von 20 mg Rb-Träger in wenig HCl gelöst. Die erhaltene Lösung wurde anschließend mit 2 N NaOH gegen Phenolphthalein neutralisiert, die Sr-Matrix durch Zugabe von Na_2CO_3 im Überschuß als $SrCO_3$ gefällt und abfiltriert. Die Rb-Fraktion befand sich im Filtrat; sie wurde durch Sammlerfällungen von 10 mg $Fe(OH)_3$ und 200 mg $SrCO_3$ weiter radiochemisch gereinigt. Die erhaltene Lösung wurde auf ein Volumen von 20 ml eingeengt und γ-spektrometrisch gemessen.

Der Rb-Standard wurde in 100 ml verdünnter HCl gelöst und zur Messung ein geeignetes Aliquot entnommen.

Die γ-spektrometrische Meßanordnung bestand aus einem 4096-Kanal-Analysator (Nuclear Chicago) und einem 18-cm^3-Ge(Li)-Detektor. Ausgewertet wurden der 882-keV-Peak von ^{84}Rb und der 1077-keV-Peak von ^{86}Rb.

Als Monitorreaktionen zur Bestimmung des Φ_{th}/Φ_s-Verhältnisses dienten die Reaktionen $^{32}S(n,p)^{32}P$ und $^{31}P(n,\gamma)^{32}P$ sowie in einigen Bestrahlungspositionen auch die Reaktionen $^{27}Al(n,\alpha)^{24}Na$ und $^{23}Na(n,\gamma)^{24}Na$.

Die genaue Arbeitsvorschrift wurde bereits früher im Detail beschrieben [3].

[1]) Anschrift: 7050 Leipzig, Permoserstr. 15

Ergebnisse und Diskussion

Bei der Bestrahlung von Rubidium und Strontium mit Neutronen entstehen Rb-Isotope durch folgende Kernreaktionen:

$^{85}Rb(n,\gamma)^{86}Rb$ ($T_{1/2} = 18{,}65$ d)
$^{85}Rb(n,2n)^{84}Rb$ ($T_{1/2} = 33$ d)
$^{87}Rb(n,\gamma)^{88}Rb$ ($T_{1/2} = 17{,}8$ min)
$^{87}Rb(n,2n)^{86}Rb$
$^{84}Sr(n,p)^{84}Rb$
$^{86}Sr(n,p)^{86}Rb$
$^{87}Sr(n,p)^{87}Rb$
$^{88}Sr(n,p)^{88}Rb$

In den Abb. 1 und 2 sind als Beispiel die γ-Spektren eines Rb-Standards und einer aus einem $SrCO_3$-Target abgetrennten Rb-Fraktion nach einer Abkühlzeit von 8 Tagen zum Abklingen von ^{88}Rb sowie der ^{85m}Sr- und ^{87m}Sr-Aktivität dargestellt.

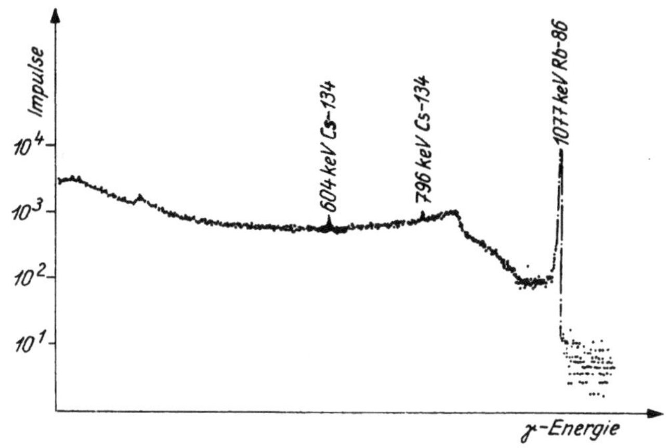

Abb. 1. γ-Spektrum der Rb-Standardprobe

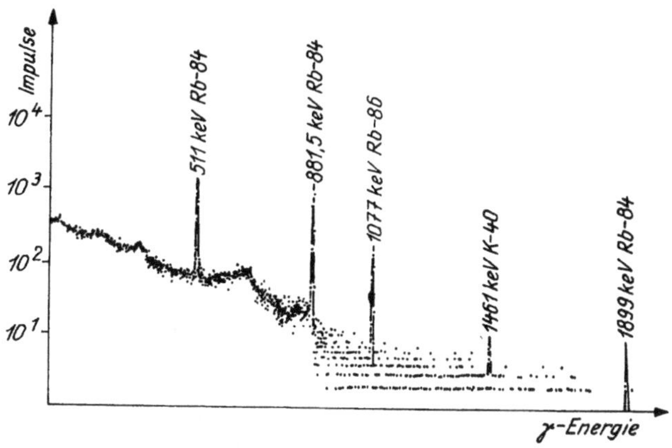

Abb. 2. γ-Spektrum einer aus $SrCO_3$ abgetrennten Rb-Fraktion

Daraus ergeben sich die folgenden Befunde:

Im Rb-Standard ist neben Spuren von ^{134}Cs, das aus einer Cs-Verunreinigung herrührt, nur ^{86}Rb nachweisbar, d. h., daß die Bildung von ^{84}Rb über die (n,2n)-Reaktion bei den gewählten Bestrahlungsbedingungen praktisch keine Rolle spielt.

Im Gegensatz dazu enthält die aus $SrCO_3$ abgetrennte Rb-Fraktion neben ^{86}Rb eine beträchtliche ^{84}Rb-Aktivität. Daraus ergibt sich, daß diese ^{84}Rb-Aktivität in der $SrCO_3$-Probe der Reaktion $^{84}Sr(n,p)^{84}Rb$ zugeordnet werden kann. Die gleiche Schlußfolgerung kann man aus den Werten für das $^{84}Rb/^{86}Rb$-Verhältnis ziehen, denn in allen untersuchten Bestrahlungspositionen und bei der Aktivierung in Cd-Umhüllung erhält man einen konstanten Wert für dieses Verhältnis. Daraus folgt außerdem, daß im Fall der

Tab. 1. Ergebnisse zur Bestimmung der Wirkungsquerschnitte der Reaktionen $^{84}Sr(n,p)^{84}Rb$ und $^{86}Sr(n,p)^{86}Rb$ mit Spaltneutronen (Bestrahlungszeit — 120 h; $\Phi_{th} = 1 \ldots 2 \times 10^{13}$ n/s cm²)

Versuch	Φ_{th}/Φ_s	$^{86}Sr(n,p)^{86}Rb$ Blindwert Rb in Sr, ppm	$f_{ki} \times 10^{-4}$	σ_s, mb	$\bar{\sigma}_s$, mb	$^{84}Sr(n,p)^{84}Rb$ A_{84}/A_{86}	σ_s, mb	$\bar{\sigma}_s$, mb
1	5,05	12,6	1,13	0,25			2,91	
		12,2	1,09	0,258	0,25	0,362	2,90	2,90
2	6,6	12,0	1,14	0,323			3,53	
		11,4	1,20	0,307			3,35	
		12,1	1,13	0,326			3,56	
		11,9	1,14	0,323	0,32	0,351	3,53	3,50
3	6,4	10,93	1,25	0,286			3,33	
		8,62	1,58	0,226			2,62	
		10,56	1,29	0,277			3,22	
		10,74	1,27	0,281	0,27	0,374	3,27	3,11
4	10,3	7,68	1,77	0,325			3,98	
		7,07	1,93	0,298	0,31	0,394	3,65	3,82
5	8,4	7,83	1,74	0,267			2,82	
		7,02	1,94	0,239			2,53	
		6,43	2,13	0,218			2,30	
		7,58	1,80	0,258			2,73	
		7,53	1,82	0,255	0,25	0,340	2,70	2,62
6	9,4	8,59	1,59	0,33			3,57	
		7,32	1,87	0,28			3,03	
		6,40	2,13	0,246			2,66	
		8,13	1,68	0,312	0,29	0,348	3,38	3,16
			Mittelwert		0,28 ± 0,02			3,2 ± 0,17

$SrCO_3$-Proben der durch (n,γ)-Reaktion aus Rb-Verunreinigungen gebildete ^{86}Rb-Anteil vernachlässigt werden kann.

Die Ergebnisse von 6 Aktivierungen sind in Tab. 1 zusammengestellt.

Für den σ_s-Wert der Reaktion $^{86}Sr(n,p)^{86}Rb$ ergibt sich daraus ein Mittelwert von 0,28 ± 0,02 mb, wenn man für die Vergleichsreaktion $^{85}Rb(n,\gamma)^{86}Rb$ einen σ_{th}-Wert von 450 mb und für die Cd-Verhältnisse Werte von $R_{Cd} = 5{,}1$ und $\bar{R}_{Cd} = 1$ einsetzt [5].

Dieser Wert weicht erheblich von dem durch *Roy* und *Hawton* sowie *Calamand* für die Reaktion $^{86}Sr(n,p)^{86}Rb$ abgeschätzten Wert von 2 mb ab. Der über ^{86}Rb bestimmte Rb-Blindwert, den man in der Neutronenaktivierungsanalyse bei der Rb-Bestimmung in Sr-Verbindungen zu beachten hat, liegt bei 6 ... 12 ppm, bezogen auf elementares Sr, d. h., daß man z.B. bei der aktivierungsanalytischen Rb-Bestimmung in Gesteinsproben, in denen die Rb- und Sr-Gehalte in der gleichen Größenordnung liegen, mit einer Störung durch die (n,p)-Reaktion nicht rechnen muß.

Ausgehend von dem σ_s-Wert der Reaktion $^{86}Sr(n,p)^{86}Rb$ und dem Verhältnis der Aktivitäten von ^{84}Rb und ^{86}Rb im $SrCO_3$-Target kann man den σ_s-Wert der Reaktion $^{84}Sr(n,p)^{84}Rb$ nach folgendem Schema berechnen:

Für das Verhältnis der Aktivitäten beider Rb-Isotope ergibt sich aus der Aktivierungsgleichung

$$\frac{A_{84}}{A_{86}} = \frac{\sigma_{s_{84}}}{\sigma_{s_{86}}} \cdot \frac{h_{84}}{h_{86}} \cdot \frac{M_{A_{86}}}{M_{A_{84}}} \frac{1 - e^{-\lambda_{84} t_B}}{1 - e^{-\lambda_{86} t_B}} \frac{e^{-\lambda_{84} t_A}}{e^{-\lambda_{86} t_A}} \quad (2)$$

In Gleichung (2) bedeuten:

h = isotope Häufigkeit der Sr-Isotope,
M_A = Masse des Targetkerns,
λ = Zerfallskonstante der Rb-Isotope,
t_A = Abkühlzeit,
t_B = Bestrahlungszeit.

Das Aktivitätsverhältnis von ^{84}Rb und ^{86}Rb erhält man aus den Peakflächen der charakteristischen Peaks bei 882 keV (^{84}Rb) und 1077 keV (^{86}Rb), den Detektoreffektivitäten ε bei beiden Energien und dem Zerfallsanteil der betreffenden Übergänge entsprechend Gleichung (3)

$$\frac{A_{84}}{A_{86}} = \frac{Z_{882}}{Z_{1077}} \cdot \frac{\varepsilon_{1077}}{\varepsilon_{882}} \cdot \frac{\gamma_{1077}}{\gamma_{882}} \quad (3)$$

Für den σ_s-Wert der Reaktion $^{84}Sr(n,p)^{84}Rb$ ergibt sich dann durch Einsetzen von (3) in Gleichung (2)

$$\sigma_{s_{84}} = \sigma_{s_{86}} \cdot \frac{Z_{882}}{Z_{1077}} \cdot \frac{\varepsilon_{1077}}{\varepsilon_{882}} \cdot \frac{\gamma_{1077}}{\gamma_{882}} \cdot \frac{h_{86}}{h_{84}} \cdot \frac{M_{A_{84}}}{M_{A_{86}}} \times \frac{1 - e^{-\lambda_{86} t_B}}{1 - e^{-\lambda_{84} t_B}} \frac{e^{-\lambda_{86} t_A}}{e^{-\lambda_{84} t_A}} \quad (4)$$

Durch Einsetzen von

$$\frac{\varepsilon_{1077}}{\varepsilon_{882}} = 0{,}81$$

$$\frac{\gamma_{1077}}{\gamma_{822}} = 0{,}129$$

$$\frac{h_{86}}{h_{84}} = 17{,}6$$

$$\frac{1 - e^{-\lambda_{86} t_B}}{1 - e^{-\lambda_{84} t_B}} = 1{,}7 \text{ (120 } h\text{-Aktivierung) und}$$

$$\sigma_{s_{86}} = 0{,}28 \text{ mb}$$

erhält man für $\sigma_{s_{84}}$ die in Tab. 1 zusammengestellten Werte, die einen Mittelwert von 3,2 ± 0,17 mb ergeben.

Dieser Wert befindet sich in besserer Übereinstimmung mit den von *Roy* und *Hawton* sowie *Calamand* abgeschätzten Werten 6,5 mb bzw. 8,5 mb als im Fall der Reaktion $^{86}Sr(n,p)^{86}Rb$.

Zusammenfassend muß man aber feststellen, daß die erhaltenen experimentellen Ergebnisse die auf Grund früherer Untersuchungen gezogene Schlußfolgerung bestätigen, daß die über die effektive Schwellwertenergie abgeschätzten Wirkungsquerschnitte von (n,p)-Reaktionen mit Spaltneutronen in vielen Fällen nur eine grobe Näherung darstellen.

Der Autor ist Herrn Dr. *M. Geisler* und Frau *H. Panse* für die Durchführung der γ-spektrometrischen Messungen zu Dank verpflichtet.

Eingegangen am 7. 7. 1980

Literatur

[1] *J. C. Roy, J. J. Hawton*, Report CRC-1003 (1960)
[2] *A. Calamand*, Handbook on Nuclear Activation Cross-Sections, Technical Reports Series No. 156, IAEA, Vienna 1974, 273 – 324
[3] *G. Pfrepper*, Isotopenpraxis 13 (1979) 15
[4] *G. Pfrepper, D. Apostolov, C. Raitschev*, Isotopenpraxis 13 (1977) 183
[5] *R. Sher*, Handbook on Nuclear Activation Cross-Sections, Technical Reports Series No. 156, IAEA, Vienna 1974, 1 – 13

Zur Flächenmasse-Messung mit radioaktiven Röntgenquellen und Multielement-Sekundärtargets

G. Brunner, V. Rößiger

(Zentralinstitut für Isotopen- und Strahlenforschung der AdW der DDR)[1])

Herrn Prof. Dr. phil. habil *C. F. Weiss* zum 80. Geburtstag gewidmet

Die Anwendung energiearmer Quantenstrahlung zur Flächenmasse-Messung bietet durch Ausnutzung des Photoeffekts bei der Schwächung spezifische Vorteile vor einer Betastrahlungsanwendung. Eine polychromatische Strahlung ermöglicht bei zweckmäßiger Dosierung der einzelnen Energieanteile eine solche Beeinflussung der Transmissionskurve, daß sich sowohl eine Eichkurvenlinearisierung wie auch eine Meßbereichserweiterung leicht erreichen läßt, ohne daß z.B. komplizierte rechentechnische Auswertealgorithmen, etwa mit Transmissionskurvennachbildung, angewandt werden müssen. Im Energiegebiet der charakteristischen Röntgenstrahlung bieten die Sekundärtargetquellen mit radioaktivem Primärstrahler und aus mehreren Elementen zusammengesetztem Sekundärtarget ausgezeichnete Möglichkeiten zur Verwirklichung dieses Vorschlags [1] zur gezielten Transmissionskurvenbeeinflussung bei relativ stoffabhängiger Istwertmessung, wie am Beispiel einer Messung von Al-Blech gezeigt wird.

Keywords

secondary emission; sensitivity; thickness gages; transmission; X-ray sources

1. Einleitung

Beim Herstellungsprozeß dünner, flächiger Gebilde wird die Kontrolle der Flächenmasse oft dadurch erschwert, daß Hilfsstoffe eingesetzt werden, die dem Produkt zunächst anhaften und bei der Flächenmasse-Messung, z.B. mit Kernstrahlung, zu Fehlaussagen führen können. Dies gilt etwa bei der Herstellung von Metallfolien durch einen Walzvorgang, bei dem eine Walzemulsion eingesetzt wird.

Da es für Flächenmassen von $\lessapprox 10^4$ g m^{-2} noch immer üblich ist, mit Betastrahlern zu arbeiten (vgl. [2]), gehen die Anteile der Metallfolie als eigentlichem Meßgut und der Walzemulsion praktisch additiv in die Brutto-Flächenmasse ein, weil sich die zugrunde liegenden physikalischen Wechselwirkungsprozesse der Betastrahlung fast nur nach der Anzahl der Elektronen pro g eines Materials richten, und diese Anzahl ist für ein Metall und die Walzemulsion nicht sehr unterschiedlich.

Vereinzelt werden zur Lösung solcher Aufgaben bereits Strahlenquellen eingesetzt, die eine niederenergetische Quantenstrahlung emittieren [3]. „Niederenergetisch" bedeutet: der Photoeffekt ist wesentlich für die Wechselwirkung der Strahlung mit dem Meßgut. In diesem Falle spielt neben der Anzahl der Elektronen pro g auch deren Bindungsstärke an die Atomkerne des Meßgutes eine Rolle, und die ist nützlicherweise für das Meßgut und den Hilfsstoff oft recht unterschiedlich. Sie drückt sich in der (effektiven) Kernladungszahl $Z_{(\mathrm{eff})}$ der Materialien aus, die mit einer hohen Potenz den Wirkungsquerschnitt für den Photoeffekt beeinflußt. Eine Walzemulsion mit $Z_{\mathrm{eff}} \approx 7$ wird dann sehr viel unempfindlicher registriert als z.B. eine Al-Folie ($Z = 13$) mit vergleichbarer Flächenmasse.

Aus dem gleichen Grunde wirken sich übrigens dann auch Luftdruckschwankungen ($Z_{\mathrm{eff}} \approx 7$) geringer auf das Meßergebnis aus.

Eine sehr zweckmäßige Form einer wartungsfreien Quelle niederenergetischer Quantenstrahlung sind Sekundärtargetquellen, in denen die charakteristische Röntgenstrahlung des eingebrachten Sekundärtargets durch eine radioaktive Quelle angeregt wird [4]. Emittiert das radioaktive Präparat seinerseits eine intensive niederenergetische Quantenstrahlung, so kann man es u.U. auch direkt einsetzen, doch erfordert die Anpassung an ein gegebenes Meßproblem (Intervall der Flächenmassewerte!) i. allg. die Wahl einer speziellen Energie [5], die eben durch die Röntgenanregung des Sekundärtargets mit physikalisch-geometrisch verwertbaren Nettoausbeuten von einigen Prozent verwirklicht wird.

Die Anpassung ist insofern relativ kritisch, als die Meßempfindlichkeit für eine gegebene Energie mehr oder weniger stark von der Flächenmasse selbst abhängt. Die Verwendung zusammengesetzter, d. h. aus mehr als einem anregbaren Element bestehender Sekundärtargets vermag hier Abhilfe zu schaffen [1]. Es soll im folgenden gezeigt werden, daß die Anwendung einer entsprechend „polychromatischen" weichen Quantenstrahlung sowohl den Meßbereich zu erweitern gestattet als auch bestimmte Eichprobleme, etwa die angestrebte Linearisierung, bewältigt, indem der Verlauf der Empfindlichkeit in Abhängigkeit von der zu durchstrahlenden Flächenmasse durch bestimmte Element-Mischungsverhältnisse in einem Sekundärtarget entsprechend „modelliert" wird.

2. Empfindlichkeit und Flächenmassebereich

Für eine monoenergetische Röntgen- oder allgemeiner Quantenstrahlung ist bekanntlich $y = \exp(-\mu x)$ eine gute Näherung für die relative Strahlungsintensität $y = Y/Y_0$ hinter dem durchstrahlten Meßgut mit dem Massenschwächungskoeffizienten μ und der Flächenmasse x. Die Änderung der Meßgröße y mit der relativen Änderung der Flächenmasse, $E = -(\mathrm{d}y/\mathrm{d}x)\,x$, sei als Empfindlichkeit bezeichnet. Sie durchläuft für $\mu x = 1$ ein Maximum. Gerade dies ist ja der Grund dafür, daß bei gegebener Soll-Flächenmasse x ein ganz bestimmter μ-Wert und damit, bei gegebenem Material, im Interesse einer möglichst

[1]) Anschrift: 7050 Leipzig, Permoserstr. 15

günstigen Meßweise eine zugehörige optimale Quantenenergie gewählt werden muß. Die Breite dieses Maximums legt das für diese Energie brauchbare Flächenmasseintervall Δx fest, indem E für dieses Δx einen bestimmten geforderten Mindestbetrag, z.B. $E \gtrapprox 0{,}1$ (siehe [2]) übersteigt.

Nun ist klar, daß die gleichzeitige Anwendung mehrerer Quantenenergien, bei der Anwendung von Sekundärtargetquellen vorzugsweise durch Mehrelement-Targets verwirklicht, im allgemeinen erst einmal eine Verbreiterung des Anwendungsintervalls Δx bewirkt, aber auch ganz bestimmte Verläufe der nun durch $y = \sum_i a_i \exp(-\mu_i x)$ ausdrückbaren Transmissionskurve zu verwirklichen gestattet, ein Sachverhalt, der sich im Prinzip auch durch (Bei-)Mischung primärer Radionuklidstrahlung oder auch entsprechender sekundärer Streustrahlung herbeiführen läßt.

Für Betastrahler mit ihrer freilich nur eingeschränkt exponentiellen Einzeltransmission war dies früher schon gezeigt worden [6], eine Lösung, welche die erwähnten Vorteile der Nutzbarkeit des Photoeffekts entbehrt und praktisch auch zu Halbwertszeitproblemen bei der Konstanthaltung des wirksamen Strahlengemischs führt.

Unabhängig von der speziellen Form der Transmissionskurve ist zu bemerken, daß laut Definition

$$\int_0^\infty E \frac{dx}{x} = \int_{-\infty}^{+\infty} E \, d(\ln x) = 1$$

gilt. D. h.: Zufolge der Tatsache, daß es sich hier um eine Erhaltungsgröße handelt, bedingt eine Erweiterung des x-Intervalles nach wie vor die Inkaufnahme kleinerer Empfindlichkeiten und umgekehrt.

3. Linearisierung der Flächenmasse-Eichkurven durch zusammengesetzte Sekundärtargets

Die Anwender und damit auch die Hersteller von Flächenmasse-Meßeinrichtungen sind natürlich an einem linearen Zusammenhang zwischen dem Anzeigewert und der zu messenden Größe interessiert. Dazu werden z. T. aufwendige Maßnahmen getroffen, die z.B. mit einer numerisch-analytischen Approximation empirischer Transmissionskurven für die (Beta-)Strahlung eines eingesetzten Radionuklids unter Verwendung eines Mikrorechners oder bestimmter RC-Netzwerke arbeiten [7]. Abgesehen davon, daß selbst unter Beibehaltung einer solchen rechentechnischen Nachbildung einer ja ohnehin von der Art des Meßgutes abhängigen Transmissionskurvenform die zweckmäßige „Formung" des Transmissionsverlaufs durch Anwendung von mehr als einer Energie zu wesentlichen Vereinfachungen führen kann, ist es möglich, soweit sich die Transmissionskurve speziell durch

$$y = c_1 - c_2 \cdot \ln x \tag{1}$$

darstellen läßt, eine von der Flächenmasse x unabhängige Empfindlichkeit $E = c_2$ zu erreichen (c_1, c_2 seien positive Konstanten). In diesem Falle gilt

$$dy = -c_2 \cdot \frac{dx}{x} \tag{2}$$

also eine direkte Proportionalität zwischen der Änderung dy des Anzeigewertes und der relativen (z.B. prozentualen) Änderung der Flächenmasse.

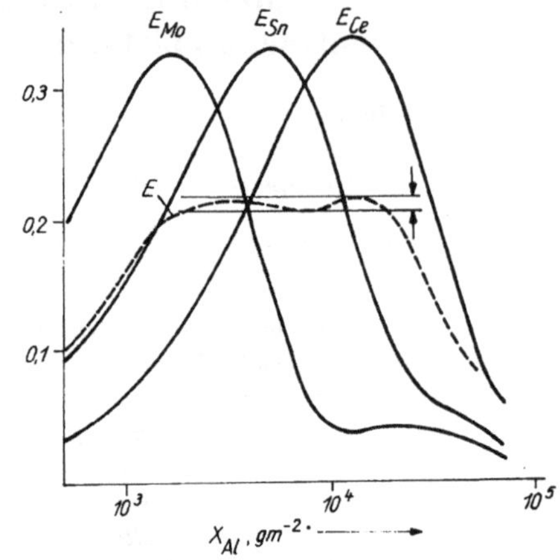

Abb. 1. Meßempfindlichkeit in Abhängigkeit von der Al-Flächenmasse: Einzelempfindlichkeiten für die (K-) Röntgenstrahlungen der Elemente Mo, Sn und Ce sowie (gestrichelt!) Empfindlichkeitsverlauf für 0,67 Teile Mo + 0,33 Teile Ce

Lautet beispielsweise die Aufgabe: Dickenmessung von Al-Blech zwischen 0,3 und 12 mm mit einer Meßempfindlichkeit $E > 0{,}1$ bei Änderung des Meßwertes y von einem eingestellten Sollwert proportional zur relativen Dickenänderung, so kommt für diesen Flächenmassebereich von 0,08 bis 3,1 g cm^{-2} ein Energieintervall von 15 bis 35 keV in Frage. Dem entprechen die charakteristischen K-Röntgenstrahlungen der Elemente mit Ordnungszahlen von $Z = 40$ bis 60. Man kann etwa Molybdän, Zinn und Cer auswählen. Als Primärstrahler werde das langlebige Nuklid ^{241}Am ($T_{1/2} = 458$ a) eingesetzt, das in stabiler Konfektionierung bei hoher Aktivität (vgl. [8]) für technische Anwendungen verfügbar ist. Abb. 1 zeigt die Teilempfindlichkeitsverläufe für die charakteristischen Röntgenstrahlungen der drei Elemente. Die Forderung nach konstanter Empfindlichkeit bedeutet

$$E = a_{Mo} \cdot E_{Mo} + a_{Sn} \cdot E_{Sn} + a_{Ce} \cdot E_{Ce} = \text{const.}$$

Die Koeffizienten a_i werden mit einer Methode des linearen Ausgleichs bestimmt. Wie sich zeigt, entsteht die gün-

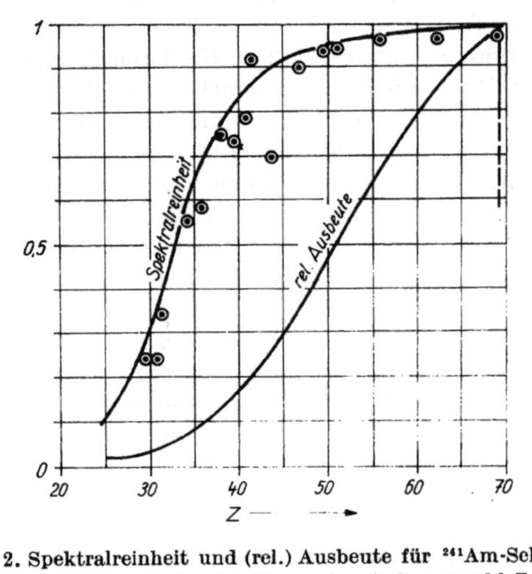

Abb. 2. Spektralreinheit und (rel.) Ausbeute für ^{241}Am-Sekundärtargetquellen in Abhängigkeit von der Ordnungszahl Z eines Targetelements; berechnete Kurven und experimentelle Punkte für die Spektralreinheit

stigste Lösung für $a_{Sn} = 0$. Es sind also nur die zwei Elemente Mo und Ce als Targetmaterialien erforderlich. Mit $a_{Mo} = 0{,}41$ und $a_{Ce} = 0{,}59$ liegt die Empfindlichkeit im geforderten Intervall bei $E = 0{,}231 \pm 0{,}005$ (s. Abb. 1). Mit einem Fehler unter 2,5% ergibt sich die relative Flächenmassedifferenz $\Delta x/x$ damit direkt aus der Abweichungsanzeige Δy.

Der Meßbereich, der aus der Forderung $E > 0{,}1$ folgen würde erstreckte sich in diesem Beispiel von 0,185 bis 15,6 mm Al, während er für die charakteristische K-Röntgenstrahlung eines einzelnen der beiden eingesetzten Targetelemente um etwa einen Faktor 2 schmaler wäre.

Die praktische Verwirklichung der Koeffizienten a_i bedingt den Einsatz solcher Quantitäten der betreffenden Elemente, die in ihrem Anteil am Gesamttargetmaterial der Sekundärtargetquelle um den Faktor der reziproken Anregungsausbeute, $Y_{0,i}$, gegenüber den ermittelten a_i verändert sind. Für Mo und Ce wäre das bei ^{241}Am-Anregung mit ca. 60 keV

$$c_{Mo} = \frac{a_{Mo}/Y_{0,Mo}}{\dfrac{a_{Mo}}{Y_{0,Mo}} + \dfrac{a_{Ce}}{Y_{0,Ce}}} \approx 0{,}67$$

$$c_{Ce} = \frac{a_{Ce}/Y_{0,Ce}}{\dfrac{a_{Mo}}{Y_{0,Mo}} + \dfrac{a_{Ce}}{Y_{0,Ce}}} \approx 0{,}33$$

Das zusammengesetzte Target hätte also zu zwei Dritteln aus Mo und zu einem Drittel aus Ce zu bestehen.

In bestimmten Fällen ist es auch möglich, auf eine zweite charakteristische Röntgenenergie zu verzichten und, wenn nicht die direkte Strahlung des eingesetzten Radionuklids, dann eine Streustrahlungskomponente mit zu verwenden, zumal diese von jeder Sekundärstrahlungsquelle ohnehin in gewissem Anteil mit emittiert wird, wie Abb. 2 (nach [9]) zeigt. In dieser Abbildung ist unter der Ordinatengröße „Spektralreinheit" das Verhältnis der K-Röntgenfluoreszenzintensität zur Gesamtintensität unter Einschluß der Streustrahlung zu verstehen. Zufolge einer gewissen Anisotropie kommen zwar merkliche, aber nicht sehr bedeutende Abweichungen zwischen den für einen Streuwinkel von 180° berechneten und den für etwas kleinere effektive Streuwinkel gemessenen Werten zustande. Der Freiheitsgrad der Energiewahl ist für die Streukomponente dann allerdings nur sehr eingeschränkt gegeben.

Durch „Modellierung" der Transmissionskurven mit Strahlengemischen sind natürlich noch andere interessante und anwendungsgerechte Lösungen erzielbar. So ergibt sich für zählende Messung die Meßgröße $y = z/T$ aus einem Zählbetrag z, der in einer Meßzeit T aufläuft. Ist dieser Wert z fest vorgewählt (was einem konstanten statistischen Fehler entspräche), so gilt

$$\frac{dy}{dT} = -\frac{z}{T^2} = -\frac{y^2}{z} \tag{3}$$

was mit der Forderung der Proportionalität $\Delta T \sim \Delta x$ oder $\Delta T = k\,\Delta x$ zur Differentialgleichung

$$\frac{dy}{y^2} \leftarrow \frac{dy^2}{y} = -\frac{k}{z}dx \tag{4}$$

für die Transmissionskurve führt. Diese besitzt die Lösung

$$y = \frac{z}{kx - k'} \tag{5}$$

also eine Hyperbel mit den beiden Konstanten k und k'. Die Empfindlichkeit ist dann

$$E = -\frac{dy}{dx}x = \frac{zkx}{(kx - k')^2} = \frac{zk_1x}{(x - k_2)^2} \tag{6}$$

ebenfalls eine Funktion von hyperbolischem Charakter. Mithin ist auf diese Weise die Forderung, die Meßzeit T möge sich linear und gleichsinnig mit der Flächenmasse ändern, erfüllbar.

Eingegangen am 7. 7. 1980

Literatur

[1] DDR-Wirtschaftspatentschrift Nr. 130173 (1977)

[2] Druckschrift „Flächenmassemeßanlage 24004", VEB RFT Meßelektronik „Otto Schön", Dresden, März 1976

[3] *W. Karl*, Kerntechnik 11 (1969) 431

[4] *J. S. Watt*, Internat. J. Appl. Rad. Isotopes 15 (1964) 617

[5] *W. Hartmann* (Hrsg.) „Meßverfahren unter Anwendung ionisierender Strahlung", Kap. 15, Akad. Verl.-Gesellsch. Geest & Portig, Leipzig, 1969

[6] *W. Dietzsch*, Isotopenpraxis 2 (1966) 82

[7] *M. Braune, V. Rößiger*, Isotopenpraxis 14 (1978) 22 und *V. Rößiger, M. Braune, H. Blechert*, Isotopenpraxis 15 (1979) 18

[8] Amersham Radiochemical Centre, Technical Bulletin 75/6

[9] *G. Brunner*, „Stoffanalyse mit Röntgenanregung durch Radionuklide" in „Die Röntgenspektrometrie und ihre Bedeutung als Analysenmethode", Tagungsband II, S. 184, Deutsche Ges. f. Geol. Wissenschaften, Berlin 1969

Röntgenradiometrischer Mehrkanalanalysator für leichte Elemente mit Proportional-Szintillations-Detektor

D. Müller, P. Morgenstern, W. Riedel

(Zentralinstitut für Isotopen- und Strahlenforschung der AdW der DDR, Leipzig)[1])

N. A. Anders, A. A. Waigacev, W. P. Warwariza, W. S. Isajev, B. E. Kolesnikow, S. W. Mamikonjan, W. I. Filatov, J. M. Schokin

(Allunions- Forschungsinstitut für Strahlentechnik, Moskau)[2])

Herrn Prof. Dr. phil. habil. *C. F. Weiss* zum 80. Geburtstag gewidmet

Es wird ein in Kooperation zwischen dem Zentralinstitut für Isotopen- und Strahlenforschung der AdW der DDR, Leipzig, und dem Allunions-Forschungsinstitut für Strahlentechnik, Moskau, entwickelter Röntgenanalysator für leichte Elemente beschrieben. Die Anregung der charakteristischen Röntgenstrahlung erfolgt bei großem Anregungswirkungsgrad und vernachlässigbar geringem Bremsstrahluntergrund mittels Alphateilchen einer geeigneten radioaktiven Quelle; für ihren Nachweis wird ein Proportional-Szintillationsdetektor eingesetzt, der eine hohe Ansprechwahrscheinlichkeit und im Vergleich zum Proportionalzählrohr ein um ca. einen Faktor 2 höheres Energieauflösungsvermögen aufweist. Die vorliegenden experimentellen Ergebnisse versprechen Einsatzmöglichkeiten in Biologie, Medizin, keramischer Industrie, auf dem Sektor Energiewesen und anderen Gebieten der Volkswirtschaft.

Keywords

aphla particles; americium 241; element analysis; energy resolution; gas scintillation detectors; light nuclei; proportional counters; X-ray fluorescence analyzers

1. Einleitung

In der Palette der physikalischen oder spektrochemischen Analysenverfahren nimmt wegen einer Reihe wesentlicher Vorteile wie Schnelligkeit, vielseitige Anwendbarkeit, Automatisierung des Meßvorganges, beachtliche Meßgenauigkeit usw. die Röntgenspektralanalyse heutzutage einen bedeutenden Platz ein.

Diese Vorteile rechtfertigen in vielen Fällen auch den relativ hohen apparativen und damit finanziellen Aufwand. Allerdings bestehen gewisse Beschränkungen hinsichtlich der Erfassung von Elementen im Gebiet $Z < 9$, d. h. solcher wichtigen und weiterverbreiteten „leichten" Elemente wie C, N, O dadurch, daß deren im ultraweichen Röntgengebiet von etwa 200 bis 600 eV liegende charakteristische Strahlungen schwierig anzuregen und zu detektieren sind. Die Fortführung der zunächst zum Zwecke der apparativen Vereinfachung eingeschlagenen Entwicklungsrichtung zu „röntgenradiometrischen Meßanordnungen", bei denen die Röntgenröhre durch ein radioaktives Präparat ersetzt wurde und der spektrometrische Nachweis der Röntgenstrahlung allein mit energiedispersiven Detektoren erfolgte, ermöglicht nun zugleich eine Erweiterung des Analysierbereiches in Richtung niedriger Kernladungszahlen. Dies gelingt beispielsweise durch die Anregung ihrer charakteristischen Röntgenstrahlung mit Hilfe von Alphateilchen geeigneter radioaktiver Nuklide. Dabei wird die Gesetzmäßigkeit ausgenutzt, daß im Gegensatz zur Quantenanregung der Wirkungsgrad der Anregung mit schweren geladenen Teilchen mit fallendem Z ansteigt und daß darüber hinaus kaum Bremsstrahlung entsteht.

Auf dem Gebiet der Detektorentwicklung wurde das zunächst eingesetzte Proportionalzählrohr mit extrem dünnem Strahleneintrittsfenster und damit hoher Ansprechwahrscheinlichkeit von dem in diesem Energiegebiet darüber hinaus noch hochauflösenden Proportional-Szintillations-Detektor abgelöst.

In der vorliegenden Arbeit wird nun ein als Ergebnis der angedeuteten Entwicklungsrichtungen in enger Kooperation zwischen dem Zentralinstitut für Isotopen- und Strahlenforschung der AdW der DDR (ZfI) und dem Allunions-Forschungsinstitut für Strahlentechnik (WNIIRT), Moskau, geschaffener röntgenradiometrischer Analysator für leichte Elemente (RALE) vorgestellt, der Einsatzmöglichkeiten für elementanalytische Probleme in vielen Gebieten der Volkswirtschaft verspricht.

2. Grundsätzlicher Aufbau des röntgenradiometrischen Analysators

Von dem vorzustellenden Gerät existiert ein Eigenbau-Labormuster des ZfI sowie eine vom sowjetischen Partnerinstitut WNIIRT aufgebaute Ausführungsform, bei der in verstärktem Maße eine spätere Produktion dieser Geräte mit landeseigenen Bauteilen unter Einhaltung der GOST-Normen Berücksichtigung fand. Dies ist der Grund, daß im folgenden auf technische Einzelheiten, insbesondere der verwendeten kommerziellen Baugruppen, nicht eingegangen werden soll und die prinzipielle Wirkungsweise des Gebertraktes und des elektronischen Versorgungs- und Meßblockes im Vordergrund steht.

2.1. Gebertrakt

2.1.1. Proportional-Szintillations-Detektor. Kernstück des Gebertraktes (vgl. Abb. 1) ist naturgemäß der Detektor für die weiche Röntgenstrahlung. Es handelt sich dabei um einen speziell an den interessanten Energiebereich

Anschriften: [1]) 7050 Leipzig, Permoserstr. 15; [2]) 115230 Moskau, Warschauer Chaussee 46

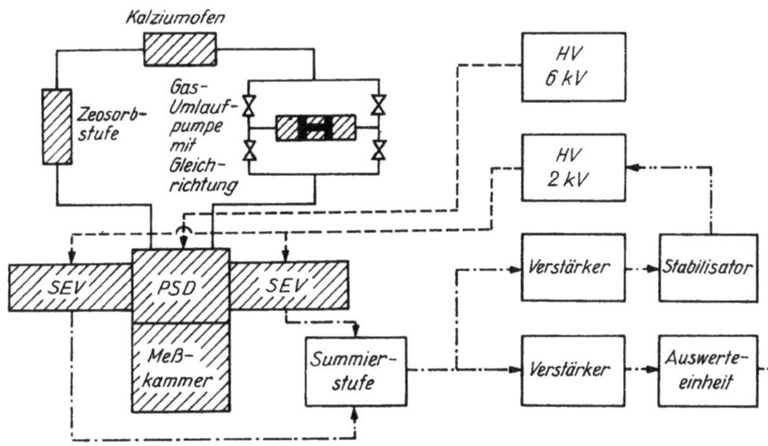

Abb. 1. Blockdiagramm des Gesamtgerätes

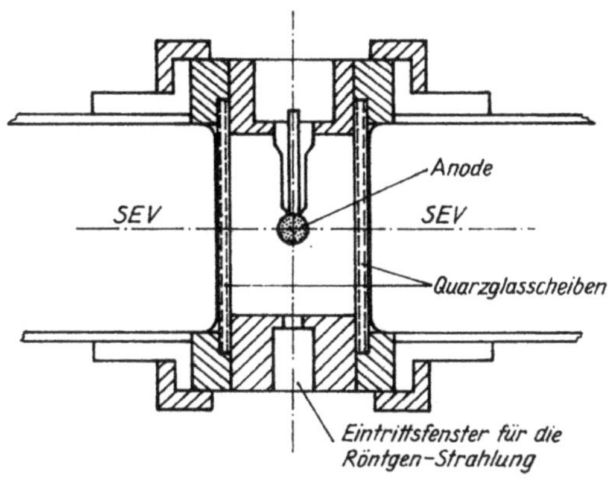

Abb. 2. Prinzipieller Aufbau des Proportional-Szintillations-Detektors

angepaßten Proportional-Szintillations-Detektor, der auf dem in einem Edelgasvolumen unter Wirkung eines schwachen elektrischen Feldes ablaufenden Lumineszenzverstärkungsprozeß beruht [1]. Dieser wird durch die bei der Wechselwirkung der Röntgenstrahlung mit den Gasatomen erzeugten Primärelektronen ausgelöst. Die erreichten Halbwertsbreiten von 80, 100 und 140 eV für die K-Röntgenlinien der Elemente B, C und O übertreffen diejenigen, die man im betrachteten Energiegebiet von etwa 150 ... 600 eV von vergleichbaren, auf Grund schwieriger technischer Realisierbarkeit jedoch kaum verfügbaren Halbleiterdetektoren erwarten kann, und bei weitem (um ca. einen Faktor 2) natürlich die von Proportionalzählrohren.

Der prinzipielle Aufbau der speziell für die Spektrometrie im ultraweichen Röntgengebiet geeigneten Detektorvariante ist in Abb. 2 dargestellt. Der Lichtverstärkungsprozeß erfolgt in einem sphärischen elektrischen Feld. Als Anode wurde eine Al-Kugel mit einem Durchmesser von 12 mm eingesetzt. Der Katodendurchmesser beträgt 50 mm Der Detektor wird mit einer Spannung von 5,5 kV betrieben. Über zwei Quarzglasscheiben sind an die Meßkammer zwei Photovervielfacher der Typen P12FQ51 (in der sowjetischen Gerätevariante FEU-39) angekoppelt, die die optischen Ereignisse in der Meßkammer registrieren. Die Addition der auf diese Weise von einer Gasszintillation erhaltenen beiden elektrischen Signale wird dadurch erreicht, daß die beiden Photovervielfacher auf einen gemeinsamen Katodenfolger arbeiten.

Der besondere Vorteil einer solchen 2-SEV-Anordnung mit anschließender Summenbildung liegt darin, daß man bezüglich der Lichtsammlung Fluktuationen der Lichtkomponente vermeidet, die sonst durch den Lichtüberführungsprozeß impliziert werden. Vielmehr fällt hier unter Vermeidung von Abschattungseffekten durch die Anodenkugel nahezu das gesamte im Detektor erzeugte Licht direkt auf die Photokathoden der beiden SEV. So ergibt sich z.B. für die Mn-K-Strahlung im Falle der Lichtsammlung nur durch einen SEV eine relative Halbwertsbreite von 33%, während der Summenpeak immerhin 9% aufweist.

Die Verwendung von nur einem in dem vorliegenden Fall durch eine Kugelanode erzeugten inhomogenen Feld stellt eine Kompromißlösung zwischen einfacher Realisierbarkeit und der durch zwei hintereinandergeschaltete elektrische Felder zu erreichenden exakten Trennung von Ladungssammlungs- und Lichtproduktionszone dar. Dennoch konnte gezeigt werden, daß der hier verwendete Detektor bis zu Energien von etwa 8 keV eingesetzt werden kann, ohne daß infolge der einem exponentiellen Gesetz gehorchenden Tiefenverteilung der Orte der Primärwechselwirkung eine merkliche Asymmetrie der Impulshöhenverteilung auftritt.

Gegenüber der kugelförmigen Detektoranode befindet sich das Eintrittsfenster für die Röntgenstrahlung. Es besteht aus einer ca. 1 ... 1,5 μm dicken Plastfolie (Polypropylen bzw. PETF sowjetischer Produktion), die durch ein engmaschiges Drahtnetz gestützt wird. Zusammen mit der Transmission dieses Stützgitters von 70% vermitteln bei der nahezu vollständigen Absorption der Strahlung im Detektionsgas die in der folgenden Tabelle angegebenen Durchlässigkeiten für eine 1 μm dicke PETF-Folie einen Eindruck von der hohen Effektivität des Detektors auch im ultraweichen Röntgengebiet:

K-Linie	Energie (eV)	Durchlässigkeit (%)
B	185	40
C	279	60
O	525	30
F	677	25
Na	1041	63

Die totale Fläche des Detektorfensters liegt im Bereich 100 ... 200 mm².

Da die Gaslumineszenz sehr empfindlich auf Verunreinigungen reagiert, ist es notwendig, das Detektionsgas innerhalb eines geschlossenen Gaskreislaufes kontinuierlich zu regenerieren. Das Reinigungssystem besteht aus einem „Kalziumofen", in dem sich ständig auf einer Temperatur von 400 °C gehaltene Ca-Späne befinden, und einem mit Zeosorb X-13 gefüllten Silikagel-Filter. Daran schließt sich ein Mineralwatte-Filter an, das den Detektor vor Mikroteilchen des Silikagels schützt, während die erstgenannten Reinigungsstufen vor allem Sauerstoff und Stickstoff bzw. Feuchte und organische Beimengungen zurückhalten. Es hat sich bisher erwiesen, daß die „Zeosorb-Stufe" nach etwa halbjährigem, der „Kalziumofen" hingegen erst nach einjährigem Dauerbetrieb einer Regenerierung bzw. eines Austausches der entsprechenden Füllmaterialien bedurfte. Beide Reinigungsstufen sind mit Heizelementen versehen, von denen das des „Kalziumofens" ständig in Betrieb ist, das der Zeosorbstufe nur bei dem im Verlauf von ca. 3 Stunden bei 200 °C unter ständigem Abpumpen über eine Kühlfalle erfolgenden Ausheizen des Absorbenten eingeschaltet wird.

Die notwendige ständige Bewegung des Gases wird durch eine Zirkulationspumpe bewerkstelligt. Die sowjetische Gerätevariante bedient sich dabei eines durch einen kleinen Elektromotor mit Exzenter bewegten Teflonbalges, während im Falle des ZfI-Gerätes der Gasstrom durch einen durch entsprechend angesteuerte Elektromagnete in einem Zylinder verschiebbaren Kolben in Bewegung gehalten wird. In beiden Fällen ist eine Gleichrichtung des Detektionsgasstromes etwa mittels vierer einfacher Ventile in Form von auf Dichtflächen aufgelegten Metallplättchen notwendig.

Was die Auswahl des Detektionsgases generell betrifft, so hat sich aus Gründen günstiger Absorptionseigenschaften für die ultraweiche Röntgenstrahlung sowie einer hohen Lumineszenzausbeute das Edelgas Xe als am zweckmäßigsten erwiesen, wobei wegen der hohen Effektivität der Reinigungsstufen der von sowjetischer Seite verwendete hohe Reinheitsgrad (GOST 10219-77, Xe-Gehalt 99,95%) nicht einmal erforderlich ist.

2.1.2. Meßkammer, Anregungsquelle und Probenzuführung. Unterhalb des Proportional-Szintillations-Detektors und von diesem durch das oben beschriebene Detektorfenster getrennt befindet sich die Meß- und Bestrahlungskammer. Zur Vermeidung von Energieverlusten der Alphateilchen auf ihrem Wege von der Alpha-Quelle zur Probe und einer Absorption der ultraweichen Röntgenstrahlung auf der Strecke Probe — Detektorfenster bereits durch die Luft wird die Probenkammer durch eine Vorvakuumpumpe ständig auf ca. 13 Pa (10^{-1} Torr) evakuiert, wobei, wie aus Abb. 3 hervorgeht, ein Druck von etwa 50 Pa bereits ausreicht, damit die Röntgenintensität auch der weichsten zu detektierenden Komponente (etwa die K-Strahlung des B bei 185 eV) konstant bleibt.

Als Alpha-Anregungsquelle haben sich flächenhafte, auf ein Silberblech aufgebrachte Präparate des ^{241}Am, besser noch ringförmige, den Detektor-Eintrittskanal umschliessende ^{238}Pu-Quellen sowjetischer Produktion vom Typ AIPRA bewährt. Es handelt sich im letzten Fall um eine auf einen Metallring aufgebrachte, stark ^{238}Pu-haltige gesinterte keramische Masse, die vom Gesichtspunkt der Standzeit und Strahlensicherheit anderen Quellentypen vorzuziehen ist. Derartige Kriterien spielen neben Halbwertszeit, Emissionseigenschaften, Beschaffbarkeit usw. natürlich eine wesentliche Rolle.

Die Einführung der Probe in die Vakuum-Meßkammer erfolgt über eine sogenannte „Stabschleuse", d. h. einen in Gummimanschetten leicht verschiebbaren, hartver-

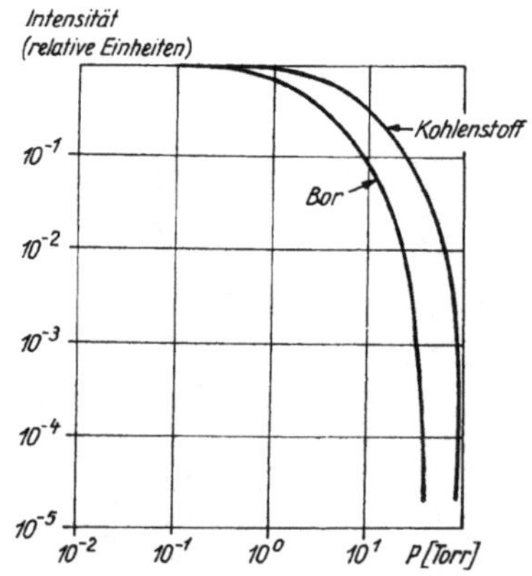

Abb. 3. Röntgenintensität in Abhängigkeit vom Druck in der Meßkammer

chromten und polierten Messingzylinder, in den entlang eines Zylinderradius die auf einem speziellen Probenteller liegende, zu analysierende Tablette durch einen Hubmechanismus ein- und ausgefahren werden kann. Auf ihrem Transport in die bzw. aus der Meßkammer durchläuft die in den Zylinder „eingefahrene" Probe eine durch Manschetten abgegrenzte Vorkammer, die, über Mikrotaster und Magnetventile gesteuert, evakuiert bzw. belüftet wird. Da auf diese Weise bei Probenwechsel der erforderliche Unterdruck in der Meßkammer nahezu aufrechterhalten bleibt, verringert sich zumindest die Zeit für deren Evakuieren, abgesehen davon, daß eine Beschädigung des Detektorfensters infolge heftiger Druckerhöhung in der Meßkammer während des Probenwechsels praktisch ausgeschlossenen wird. Der Druck in der Meßkammer wird in üblicher Weise von einem Wärmeleit-Vakuummeßgerät, der in der Vorkammer von einem kleinen mechanischen Manometer kontrolliert.

2.2. *Elektronikblock*

2.2.1. Versorgungsteil und Impulsverstärkung. Für die Versorgung der Mittelelektrode des Proportional-Szintillations-Detektors mit Hochspannung lassen sich kommerzielle Hochspannungsgeräte mit einer Ausgangsspannung von mindestens 5,5 kV verwenden. Im Falle der ZfI-Geräteentwicklung geschah dies durch den Typ 20101 des VEB Robotron MKD, dessen maximal abnehmbare Spannung durch einen entsprechenden Eingriff von 4 auf 6 kV erhöht worden war. Für die Hochspannungsversorgung der Sekundärelektronenvervielfacher reichen maximal 2 kV aus, was beispielsweise durch den Typ 20104 gewährleistet ist. Die sowjetische Gerätevariante verfügt über spezielle Hochspannungsbausteine landeseigener Produktion.

So verhält es sich auch mit den Einheiten für die Verstärkung des aus dem gemeinsamen SEV-Katodenfolger austretenden Impulsspektrums, wobei sich in der ZfI-Gerätevariante der Linearverstärker vom Typ 20111 des VEB Robotron MKD bewährt hat.

Die Bewegung des Kolbens in der Gasumwälzpumpe der ZfI-Gerätevariante erfolgt, wie bereits erwähnt, durch zwei Elektromagnete. Für deren wechselseitige Stromversorgung ist eine Leistungsstufe erforderlich, die gemäß der notwendigen Pumpfrequenz von einem a-stabilen Multivibrator angesteuert wird.

2.2.2. Elektronische Impulshöhenstabilisierung. Infolge der Abhängigkeit der Gesamtverstärkung von Einflußgrößen verschiedenster Art ist das Detektorausgangssignal gewissen Schwankungen unterworfen (vgl. [1]). Zum Zwecke ihres Ausgleichs finden verschiedene Varianten von Impulshöhenstabilisierungen Verwendung.

In allen Fällen werden in üblicher Weise auf die Flanken einer Referenzlinie, die entweder Teil des zu messenden Spektrums ist oder gesondert eingestrahlt wird, zwei Kanäle gesetzt. Neben einer reinen analogen Stabilisierung, die eine durch Linienverschiebung hervorgerufene Zählratendifferenz in den beiden Kanälen in eine auf die Detektorhochspannung wirkende Regelspannung umsetzt, wurde von sowjetischer Seite eine Variante entwickelt, die sich einer je nach Verschiebung der Referenzlinie mehr oder weniger großen Teilung des verstärkten Detektorausgangssignals bedient. Das notwendige Teilerverhältnis bildet sich über einen Spannungsteiler, der aus einem festen Vorwiderstand und einer variablen Widerstandskette besteht. Der Widerstandsbetrag dieser Kette wird dabei wie folgt festgelegt: Die Kanäle zweier Diskriminatoren liegen wieder auf der hoch- bzw. niederenergetischen Flanke der Referenzlinie, und deren Ausgangsimpulse werden während eines vorgeschriebenen Zeitintervalls wechselseitig einem Vorwärts-Rückwärts-Zähler zugeführt. Je nach der sich ergebenden Zählratendifferenz werden dann über die aufgerufenen Dualstellen und nachgeordnete Schaltstufen verschiedene Bewertungswiderstände der Kette wirksam.

Diese an sich recht elegante Lösungsvariante hat wie alle anderen Verfahren, deren Regelsignale proportional zu einer Zählratendifferenz gebildet werden, den Nachteil, daß insbesondere bei geringen Zählraten in der Referenzlinie schon infolge deren statistischen Schwankungen auftretende Zählratendifferenzen als Abweichungen von der Sollage interpretiert werden mit entsprechenden negativen Auswirkungen in Richtung auf eine Linienverbreiterung im zu analysierenden Sepktrum. In der Praxis hat sich eine als ,,digitale Impulshöhenstabilisierung" bezeichnete Methode bewährt [2], bei der diese Nachteile dadurch weitgehend unterdrückt werden, daß bei jedem Regelakt nach einem im folgenden beschriebenen Wirkprinzip nur eine konstante Regelschrittweise wirksam wird:

Sobald in einem der beiden getrennt zu zählenden Kanäle auf den Flanken der Referenzlinie eine klein zu wählende Impulszahl (10^2 bis 10^3) erreicht ist, wird die Zählung gestoppt und ein Regelschritt ausgelöst. Dieser hängt nur hinsichtlich seiner Richtung vom Ergebnis der Zählung in den beiden Referenzkanälen ab, während, wie bereits erwähnt, die Schrittweite konstant ist und nach vorheriger Optimierung hinsichtlich Flexibilität des Systems sowie Auswirkungen auf die Linienverbreiterung von außen vorgegeben wird.

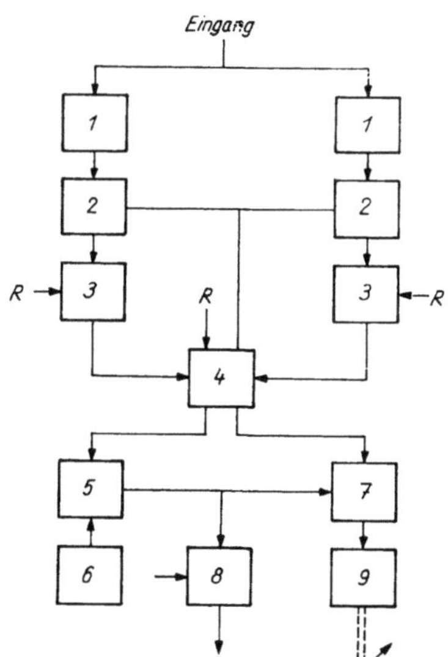

Abb. 4. Blockschaltbild der ,,digitalen Impulshöhenstabilisierung "(vgl. Text)

Abb. 4 zeigt im Blockschaltbild die schaltungstechnische Realisierung des digitalen Impulshöhenstabilisators. Als Stellglied wird ein Schrittmotor verwendet, dessen Rotorachse mit einem Wendelpotentiometer gekoppelt ist. Das Potentiometer kann identisch mit der Feinregelung der verwendeten Hochspannungsquelle sein oder in geeigneter Form über die Regelschaltung der Hochspannungsquelle die abgegebene Hochspannung beeinflussen. Nach Passieren der Einkanalanalysatoren (1) und der geöffneten Tore (2) gelangen die Impulse auf je einen Zähler (3), deren beide Eingänge mittels der Funktionsgruppe ,,Logik" (4) über die beiden Tore (2) bei Erreichen der vorgegebenen Impulszahl in nur einem der Zähler (3) gestoppt werden. Mit der Abgabe des Übertragsimpulses durch diesen einen Zähler liegt auch die Polarität des zu bildenden Regelsignales fest, und es wird über die Funktionsgruppe ,,Logik" (4) die Funktionsgruppe ,,Schrittmotorsteuerung" (7) so beeinflußt, daß später eine dem gewünschten Regelsinn entsprechende Drehung des Schrittmotors (9) zustande kommt. Dies passiert dann, wenn durch das nunmehr ebenfalls geöffnete Tor (5) die vom Schrittgenerator (6) erzeugten Impulse gleichzeitig auf die Gruppen ,,Schrittmotorsteuerung" (7) und ,,Schrittgrößenvorwahl" (8) gelangen. Nach der im Bereich 1 bis 10 vorgewählten Anzahl von Generatorimpulsen gibt (8) einen Rückstellimpuls ab, der das Tor (5) schließt und den ursprünglichen Bereitschaftszustand des Stabilisators wieder herstellt (Löschen der Zählerinhalte, Öffnen der Tore (2)).

Dieses Stabilisierungsverfahren hat sich allen anderen, die die Differenz der Zählraten in bestimmten Referenzkanälen auf Null regeln, insbesondere bei niedrigen Intensitäten der Referenzlinie, als eindeutig überlegen erwiesen, da bei einer flexiblen Reaktion des Systems auf äußere Störeinflüsse wie Drifts, plötzliche Änderungen der Gesamtverstärkung usw. eine sonst auftretende Linienverbreiterung im Meßspektrum bei optimaler Wahl der Regelschrittweite praktisch nicht zu beobachten ist.

2.2.3. Auswerteeinheiten. Die stabilisierten und verstärkten Summenimpulse des zu analysierenden Spektrums treten, nachdem sie in der sowjetischen Gerätevariante noch eine Formierstufe durchlaufen haben, in eine elektronische Auswerteeinheit ein. Sie besteht im genannten Fall aus einem Block von sechs Einkanalanalysatoren und sechs nachgeschalteten getrennten Impulszählern, die es demnach ermöglichen, die Impulszahlen von bis zu sechs Spektrenausschnitten gleichzeitig zu registrieren. Die Resultate der Zählungen können nacheinander von Hand auf eine Ziffernanzeige und weiter auf eine Ausdruckeinheit vom Typ B3-15 gegeben werden, wobei jeweils sechs Dekaden zur Verfügung stehen. Die Registriereinheit kann im Regime der Zeitvorwahl (1 bis 1000 s) oder der Impulsvorwahl im 6. Kanal (Impulszahl 10^3, 10^4, 10^5, 10^6) betrieben werden; sie enthält zur Erleichterung der Einstellung der Kanalgrenzen einen auf jeden der Kanäle umschaltbaren Impulsdichtemesser mit Meßbereichen von 10^2 bis 10^5 Imp./s.

Ausgehend von einer konkreten Aufgabenstellung existiert die ZfI-Gerätevariante in Form einer Zweikanalanordnung, ausgerüstet mit den Geräteeinschüben 20120 (Analysator) und 51021 (Impuls-Zeit-Zähler) des VEB Robotron MKD. Natürlich schließt dies die Möglichkeit der Auswertung mit einem Vielkanalanalysator nicht aus, indem die Impulse des Nutzspektrums unmittelbar nach dem Linearverstärker ausgekoppelt werden.

Zum Zwecke der rechnerischen Verknüpfung der Zählerinhalte untereinander oder mit Konstanten, aber auch zur Realisierung linearer oder nichtlinearer Eichfunktionen steht neuerdings ein direkt an den Impulszähler on-line-koppelbares, mit einem Rechnerschaltkreis bestücktes elektronisches Auswertegerät zur Verfügung [3], das über alle Rechenoperationen eines anspruchsvollen Taschenrechners und insgesamt 70 Taktschritte verfügt. Mit dieser ZfI-internen Entwicklung sollte eine Vielzahl von solchen Ergebnisauswertungen vorgenommen werden können, bei denen die Röntgenpeaks relativ isoliert im Spektrum stehen.

Für den Fall einer notwendigen Trennung sich überlappender, mit Vielkanalanalysatoren aufgenommener Röntgenpeaks mit Hilfe der maschinellen Rechentechnik existieren in der Sprache FORTRAN verfaßte Iterationsprogramme, die vereinfachend von einer *Gauß*form der Linien ausgehen und die Parameter aller im Spektrogramm enthaltenen analytischen Linien und des Untergrundes liefern.

3. Anwendungsgebiete für den Analysator

Der Röntgenanalysator erlaubt die Bestimmung von leichten Elementen im Bereich $Z \geqq 6$, aber auch von Elementen mit mittleren und hohen Ordnungszahlen Z, wenn zur Auswertung deren charakteristische L-, M- oder gar N-Röntgenserien herangezogen werden können. Typische Einsatzgebiete sind deshalb etwa in der Biologie und der Landwirtschaft, vor allem aber auch in der Energiewirtschaft zu suchen, wenn man daran denkt, aus einer Bestimmung von Kohlenstoff und weiterer Elemente wie Na, Al, Si, S, Ca Rückschlüsse auf Kenngrößen wie Heizwert, Aschegehalt, Aschezusammensetzung usw. von Braunkohle oder Ölschiefer zu ziehen. Eine ähnliche Elementpalette ist in der Düngemittelindustrie von Interesse, als weitere Interessenten können die Glasindustrie und die keramische Industrie genannt werden. Berücksichtigt man die Tatsache, daß bei einem Beschuß mit schweren geladenen Teilchen der Anregungswirkungsgrad für Röntgenstrahlung, die von weit außen gelegenen Schalen der Elektronenhülle schwerer Elemente emittiert wird, etwa vergleichbar ist mit dem der K-Schale leichter Elemente und bedenkt man ferner, daß die N-Strahlung z.B. des Urans mit ihrem Schwerpunkt bei ca. 300 eV im außerordentlich gut detektierbaren Gebiet der K-Strahlung des Kohlenstoffs (278 eV) liegt, so läßt

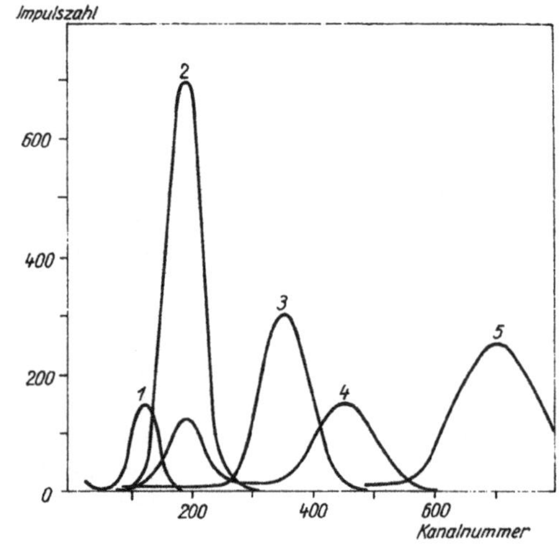

Abb. 5. Spektrogramm der K-Strahlungen der Elemente Bor (1), Kohlenstoff (2), Sauerstoff (3), Fluor (4) und Natrium (5)

sich unschwer erkennen, daß der Anwendungsbereich des Analysators bis hin zu Fragen der Kernenergetik reicht [4].

Neben der Ausführung von Gehaltsbestimmungen läßt sich anhand der charakteristischen Strahlung der darin enthaltenen leichten Elemente die Dicke organischer Überzüge oder Lackschichten ermitteln. Abb. 5 zeigt die mit dem Analysator gewonnen Spektrogramme der K-Röntgenlinien der Elemente B, C, O, F und Na, aus der zugleich zumindest optisch die Grenzen für Bestimmungen von benachbarten Elementen infolge Überlappung der Peaks ersichtlich werden.

Die zu analysierenden Meßproben müssen in fester Form, z.B. als geschmolzene Probenkörper, als aus pulverförmiger Substanz gepreßte Tabletten o. ä. vorliegen, die wegen der Notwendigkeit der Evakuierung der Meßkammer gewissen Mindestanforderungen an ihre Stabilität zu genügen haben.

Bei Meßzeiten von 2 ... 10 min sind bei Gehalten im Prozentbereich absolute Meßfehler von einigen Zehntel Prozent zu erwarten, wobei allerdings je nach Beschaffenheit und Zusammensetzung der Probensubstanz Abweichungen nach oben und unten einkalkuliert werden müssen. So sind aber auch etwa für Zweistoffsysteme mit isoliert stehenden Röntgenpeaks absolute Meßfehler des Elementgehaltes im Bereich einiger Zehntel Promille durchaus erreichbar.

Eingegangen am 25. 6. 1980

Literatur

[1] *P. Morgenstern*, Isotopenpraxis **14** (1978) 157

[2] *E. Dahn, W. Riedel, M. Braune*, Isotopenpraxis **13** (1977) 135

[3] *W. Riedel, P. Morgenstern, D. Müller*, in Vorbereitung

[4] *D. Müller, P. Morgenstern, W. Riedel*, in Vorbereitung

Umweltgaschromatograph (UGC) mit Strahlungsionisationsdetektoren

P. Popp

(Zentralinstitut für Isotopen- und Strahlenforschung der AdW der DDR)[1])

Herrn Prof. Dr. phil. habil. *C. F. Weiss* zum 80. Geburtstag gewidmet

Ein im Zentralinstitut für Isotopen- und Strahlenforschung der AdW der DDR entwickelter Gaschromatograph, der vor allem für den Einsatz in der Umweltanalytik geeignet ist, wird beschrieben. Besondere Bedeutung kommt dem Detektionssystem zu, das aus zwei Strahlungsionisationsdetektoren, die in fünf verschiedenen Betriebsweisen zum Spurennachweis toxischer Komponenten eingesetzt werden können, und aus einem Flammenionisationsdetektor besteht. Dieses Detektionssystem wird hinsichtlich seiner Wirkungsweise, seiner Anwendungsgebiete und seiner Leistungsparameter charakterisiert. Anhand eines Beispiels (CO-Immissionsmessung) wird gezeigt, wie die Eignung des UGC für ein bestimmtes Analysenproblem aus den Leistungsparametern des Detektionssystems und den Möglichkeiten anreichernder Probennahme abgeleitet werden kann.

Keywords

electron-capture detectors; environment; gas analysis; gas chromatography; krypton 85; pollution control equipment; tritium

1. Einleitung

Zum Nachweis von Spuren toxischer Verbindungen in Luft im Immissionsbereich werden in zunehmendem Maße Gaschromatographen eingesetzt, Geräte, die sich insbesondere durch multivalente Nutzbarkeit, hohe Selektivität und hohe Empfindlichkeit auszeichnen. Speziell für die Umweltproblematik modifizierte Gaschromatographen ermöglichen es darüber hinaus, den erfaßbaren Konzentrationsbereich durch anreichernde Probennahme beträchtlich zu erweitern.

Die Anwendungsbreite der handelsüblichen Gaschromatographen wird u. a. dadurch begrenzt, daß die am häufigsten eingesetzten Detektoren (Flammenionisationsdetektor (FID), thermionischer Detektor, Wärmeleitzelle und Elektronenanlagerungsdetektor) für die Spurenanalyse von anorganischen Substanzen wie SO_2, NO_2, NO, CO, die in der Umweltanalytik eine wichtige Rolle spielen, ungeeignet sind.

Um ein möglichst weites Spektrum von Komponenten, die zur Luftverunreinigung beitragen, erfassen zu können, wurde im Zentralinstitut für Isotopen- und Strahlenforschung der AdW der DDR, Leipzig, ein Umweltgaschromatograph entwickelt, dessen Detektionssystem aus zwei Strahlungsionisationsdetektoren, die in fünf verschiedenen Betriebsweisen arbeiten, und aus einem FID besteht.

2. Aufbau und Wirkungsweise des UGC

In Abb. 1 ist der Aufbau des UGC schematisch dargestellt. Die Träger- und Zuspülgase gelangen über die Gasflußstabilisierungseinheiten (1, 2) in die Probengabesysteme (3, 4), die es ermöglichen, sowohl angereicherte Proben als auch unmittelbar Gase und Flüssigkeiten zu dosieren. Da im Doppelsäulenbetrieb gearbeitet wird, können gleichzeitig zwei Dosierungen erfolgen. Die Probengabesysteme bestehen jeweils aus einem Dreiwegehahn und einer ver-

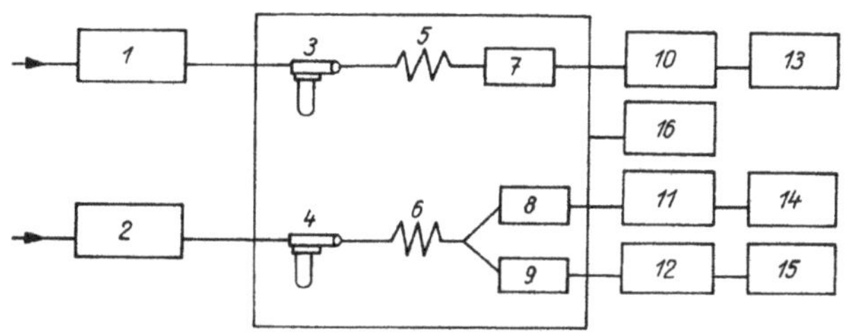

Abb. 1. Schematische Darstellung des UGC

schließbaren Probennahmeeinheit, die eine Vorsäule enthält. Diese Vorsäule kann ungefüllt als Dosierschleife verwendet oder mit geeigneten Adsorbenzien gefüllt als Anreicherungssäule eingesetzt werden. Die Probennahmeeinheit ist abnehmbar, damit die Dosierschleife bzw. die Anreicherungssäule an beliebigen Stellen (Arbeitsräume, Industriegelände usw.) gefüllt werden kann. Bei anreichernder Probennahme erfolgt die Aufgabe der Schadstoffe auf die Trennsäule unter Erhitzen der Anreicherungssäule.

Die beiden Trennsäulen (5, 6) des UGC sind im Säulenthermostaten untergebracht, der unter Verwendung eines Kryostaten auf Temperaturen bis zu 0 °C eingestellt werden kann. Die getrennten Komponenten gelangen in die Ionisationsdetektoren (6, 8, 9), die so angeordnet sind, daß der Strahlungsionisationsdetektor I (7) separat, der Strahlungsionisationsdetektor II (8) und der FID (9) über eine Gasflußteilung gekoppelt betrieben werden. Der Ionisationsdetektor I arbeitet je nach Analysenproblem als Ionisierungsquerschnittsdetektor, Argon- oder Neonionisationsdetekor [1]. Im letzteren Fall wird hochreines Neon als Trägergas benötigt. Das erfordert den Einsatz einer Gasreinigungseinheit, bestehend aus einer mit Molekularsieb 5A gefüllten, bei Zimmertemperatur betriebenen, und einer mit Molekularsieb 5A gefüllten, mit flüssigem Stickstoff gekühlten Säule. Für den Ionisationsdetektor II sind die Betriebsarten Elektronenanlagerungsdetektor und

[1]) Anschrift: 7050 Leipzig, Permoserstr. 15

Aerosolionisationsdetektor [2] vorgesehen. Die Kopplung dieser spezifischen Detektoren mit dem FID ermöglicht u. a. die Identifizierung unbekannter Komponenten. Die Signale der Ionisationsdetektoren werden von Schwingkondensatorelektrometern (10 bis 12) verstärkt und durch Kompensationsbandschreiber (13 bis 15) registriert.

3. Das Detektionssystem des UGC

3.1. Konstruktiver Aufbau, Funktionsweise und Anwendungsgebiete

Von der Wahl des Detektionssystems hängt es ab, welche Komponenten nachgewiesen werden können und welche Empfindlichkeiten bzw. Nachweisgrenzen erreichbar sind. Im vorliegenden Fall sollten neben dem empfindlichen und nahezu unselektiven Nachweis organischer Komponenten mit Hilfe des FID möglichst viele toxische Substanzen in der Luft hochempfindlich und selektiv angezeigt werden. Dazu wurden die in Abb. 2 schematisch dargestellten Strahlungsionisationsdetektoren (SID) entwickelt.

Diese SID bestehen durchweg aus X 10 CrNiTi 18.10-Stahl und PTFE und sind bis zu Temperaturen von 180 °C einsetzbar. Die gaschromatographische Trennsäule wird bis in die unmittelbare Nähe des Ionisationsraumes gebracht, so daß zwischen dem Ende der Säule und dem

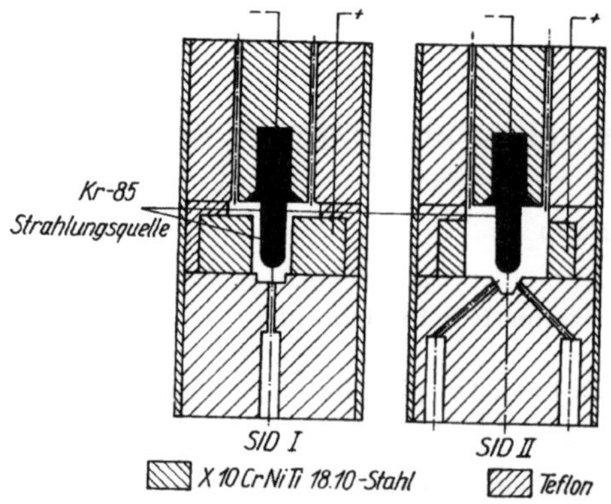

Abb. 2. Schematische Darstellung der Strahlungsionisationsdetektoren

Ionisationsraum nur ein geringes Totvolumen besteht ($< 30\ \mu l$). Beide SID haben eine zylindrische Elektrodenanordnung. Als Strahlenquellen werden kommerzielle ^{85}Kr-Präparate von Typ AI (Produzent: ZfI Leipzig) und für den Eigenbedarf hergestellte ^{3}H-Quellen gleicher Geometrie verwendet. Der SID I, mit einer ^{85}Kr-Quelle ausgerüstet, ist dadurch gekennzeichnet, daß er optimal als Ionisierungsquerschnittsdetektor (IQD), als Argon-Ionisationsdetektor (Ar-ID) und als Neon-Ionisationsdetektor

Tab. 1. Charakterisierung der verwendeten Detektoren

Betriebsart	Wirkprinzip	Anwendungsgebiete
IQD	Der Ionisierungsquerschnitt der Probensubstanzen ist größer als der des Trägergases (H_2, He). Die Probensubstanzen bewirken eine Erhöhung des Ionisationsstromes. Arbeitsbereich: Sättigungsbereich	alle Substanzen außer He und H_2
EAD	Freie Elektronen lagern an elektronegative Probenmoleküle an, die gebildeten negativen Ionen erhöhen die Rekombinationsrate und führen zu einer Absenkung des Ionisationsstromes, Arbeitsbereich: Rekombinationsbereich	Halogenkohlenwasserstoffe, Sauerstoff- und Nitroverbindungen, CS_2
AID	Durch Pyrolyse, Umsetzung an erhitztem CuO, Reaktion mit saurem oder Reaktion mit basischem Reagens werden die Probensubstanzen in Aerosole umgewandelt, die die Rekombinationsrate vergrößern. Arbeitsbereich: Rekombinationsbereich	Halogenkohlenwasserstoffe, metallorganische Verbindungen, sauer und basisch reagierende Verbindungen
Ar-ID	Infolge der Ionisation von Probensubstanzen, deren Ionisationsenergie unter der Anregungsenergie der metastabilen Argonatome (11,6 eV) liegt, wird der Ionisationsstrom erhöht. Arbeitsbereich: unselbständige Entladung	organische Verbindungen H_2S, NO
	Substanzen, deren Ionisationsenergien die Anregungsenergie der metastabilen Terme des Ar überschreiten, rufen infolge der Verringerung der Konzentration metastabiler Edelgasatome eine Stromabsenkung hervor. Arbeitsbereich: unselbständige Entladung	anorganische Substanzen
Ne-ID	Infolge der Ionisation von Probensubstanzen, deren Ionisationsenergie unter der Anregungsenergie der metastabilen Terme des Neons (16,6 eV) liegt, wird der Ionisationsstrom erhöht. Arbeitsbereich: unselbständige Entladung	anorganische Substanzen
FID	Die Probensubstanzen werden in der Flamme ionisiert, der Ionisationsstrom steigt an. Arbeitsbereich: Sättigungsbereich	organische Substanzen

(Ne-ID) betrieben werden kann, weil der Abstand zwischen der Strahlungsquelle und der Außenelektrode so gering ist (2 mm), daß die für einen optimal arbeitenden IQD geltende Forderung nach homogener Ionisierungsdichte erfüllt ist und die für den optimalen Betrieb des Ar-ID benötigten Feldstärken (um 9000 V/cm) mit nicht zu hohen Spannungen (<2 000 V) zu erreichen sind. Außerdem ist das Volumen des Ionisationsraumes so klein ($\sim$ 0,8 cm^3), daß eine Rückvermischung der getrennten Komponenten auszuschließen ist.

Der SID II arbeitet bei Verwendung eines elektropositiven Trägergases (N_2, Ar-CH_4-Gemische) als Elektronenanlagerungsdetektor (EAD) und bei Verwendung eines elektronegativen Trägergases (Luft) unter Zuspülen von saurem oder basischem Reagens bzw. bei Aufheizen eines zwischen Säulenausgang und SID II befindlichen Reaktionsofens als Aerosolionisationsdetektor (AID). Zur Analyse aggressiver Medien kann der SID II mit einer ^{85}Kr-Quelle betrieben werden, in allen anderen Fällen enthält er eine ^{3}H-Quelle. Der Elektrodenabstand beträgt 6 mm. Bei diesem Abstand wird die ^{3}H-β-Strahlung nahezu total im Ionisationsraum absorbiert. Obwohl bei größerem Elektrodenabstand infolge der Erhöhung des Stromes (^{85}Kr-Quellen) und durch die verstärkende Wirkung von Raumladungseffekten (sowohl bei ^{85}Kr- als auch bei ^{3}H-Quellen) [3] eine Erhöhung der Empfindlichkeit des Detektors möglich ist (maximal um den Faktor 3 bei ^{3}H-Quellen, eine Größenordnung bei ^{85}Kr-Quellen), wurde mit dem gewählten Elektrodenabstand ein günstiger Kompromiß gefunden, um der Forderung nach größtmöglicher Empfindlichkeit bei kleinstmöglichem Volumen zu genügen. Bei Einsatz des SID II als EAD wird entweder einer der beiden Gaseingänge verschlossen oder durch Zuspülung von Trägergas die Aufenthaltsdauer der getrennten Komponenten im Detektor verkürzt, bei Betrieb des SID als AID dient einer der Gaseingänge der Zuspülung des sauren oder basischen Reagens. Die Detektoren sind so konzipiert, daß ein Umrüsten des SID I auf den SID II und umgekehrt mit wenigen Handgriffen möglich ist [4].

In Tab. 1 sind die Betriebsarten der SID und der FID hinsichtlich ihrer Funktionsweise und ihrer Anwendungsgebiete kurz charakterisiert.

3.2. *Leistungsparameter*

Die Leistungsfähigkeit eines Detektors wird durch Empfindlichkeit, Nachweisgrenze und Ausdehnung des linearen Bereichs charakterisiert, sein Einsatzgebiet durch die Spezifität gegenüber bestimmten Komponenten umrissen.

Die Empfindlichkeit E ist als das Verhältnis der Anzeige A zur Meßgröße M, die die Anzeige bewirkt; definiert; für die Nachweisgrenze C_{min} gilt:

$$C_{min} = \frac{b \cdot SP}{E} \qquad (1)$$

SP = Störpegel des Detektors, der durch die statistische Schwankung des radioaktiven Zerfalls (bzw. der thermischen Ionisation beim FID) entsteht

b = Verhältnis von Meßsignal zum Störpegel, von dem ab die zu messende Komponente mit einer festzulegenden Sicherheit nachgewiesen wird (meist $b = 3$).

Der Linearbereich L ist der Bereich, für den E = const. gilt. Die obere Grenze liegt bei 5% Abweichung von der Linearität.

Die Spezifität Σ ist das Verhältnis der Empfindlichkeiten zweier Komponenten E_i und E_j.

Diese Kenngrößen des Detektionssystems sind in Tab. 2 für die Betriebsarten der SID und für den FID, bezogen auf charakteristische Probensubstanzen, zusammengestellt.

Die Empfindlichkeit wird dabei so angegeben, als wäre die Änderung der Probenkonzentration im Trägergas die Meßgröße, die eine Stromänderung bewirkt. Das trifft für

Tab. 2. Kenngrößen des Detektionssystems

Betriebsart	Substanz	E [A/g/cm³]	c_{min} [g/cm³]	c_{min} [ppm]	L	$\Sigma = \frac{E_i}{E_{Benzol}}$
IQD	Benzol	$2{,}5 \cdot 10^{-7}$	$1 \cdot 10^{-7}$	32	$10^3 - 10^4$	1
	Toluol	$2{,}4 \cdot 10^{-7}$	$1{,}1 \cdot 10^{-7}$	29		0,96
	Phenol	$3{,}3 \cdot 10^{-7}$	$1{,}1 \cdot 10^{-7}$	20,5		1,32
	Kohlendioxid	$4{,}6 \cdot 10^{-7}$	$5{,}5 \cdot 10^{-8}$	30		0,24
EAD	Schwefelkohlenstoff	$7 \cdot 10^{-3}$	$5 \cdot 10^{-12}$	$1{,}6 \cdot 10^{-3}$	$5 \cdot 10^2$	$6{,}4 \cdot 10^4$
	Halan	3,1	$1{,}1 \cdot 10^{-14}$	$1{,}3 \cdot 10^{-6}$		$2{,}8 \cdot 10^7$
	Freon 12	$1{,}3 \cdot 10^{-2}$	$2{,}4 \cdot 10^{-12}$	$4{,}2 \cdot 10^{-4}$		$1{,}2 \cdot 10^5$
	Tetrachlorkohlenstoff	3,6	$9{,}6 \cdot 10^{-15}$	$1{,}5 \cdot 10^{-6}$		$3{,}3 \cdot 10^7$
AID	Halan	$1{,}1 \cdot 10^{-3}$	$3{,}3 \cdot 10^{-11}$	$4 \cdot 10^{-3}$	$3 \cdot 10^2$	∞
	Ammoniak	$1{,}9 \cdot 10^{-3}$	$1{,}8 \cdot 10^{-11}$	$2{,}5 \cdot 10^{-2}$		∞
	Stickstoffdioxid	$7{,}2 \cdot 10^{-3}$	$4{,}8 \cdot 10^{-10}$	$2{,}5 \cdot 10^{-1}$		∞
	Schwefeldioxid	$2{,}7 \cdot 10^{-5}$	$1{,}3 \cdot 10^{-9}$	$5 \cdot 10^{-1}$		∞
Ar-ID	Benzol	0,7	$2{,}6 \cdot 10^{-11}$	$8 \cdot 10^{-3}$	10^3	1
	Toluol	0,6	$2{,}9 \cdot 10^{-11}$	$7{,}5 \cdot 10^{-3}$		0,86
	Schwefelwasserstoff	$6{,}4 \cdot 10^{-2}$	$2{,}8 \cdot 10^{-10}$	$2 \cdot 10^{-1}$		$9 \cdot 10^{-2}$
	Kohlenmonoxid	$4{,}9 \cdot 10^{-3}$	$3{,}7 \cdot 10^{-9}$	3,2		$7 \cdot 10^{-3}$
	Kohlendioxid	$3{,}3 \cdot 10^{-2}$	$5{,}5 \cdot 10^{-10}$	$3 \cdot 10^{-1}$		$5 \cdot 10^{-2}$
Ne-ID	Kohlenmonoxid	1,5	$1{,}2 \cdot 10^{-11}$	10^{-2}	10^2	—
	Kohlendioxid	1,0	$1{,}8 \cdot 10^{-11}$	10^{-2}		—
FID	Benzol	$9{,}3 \cdot 10^{-3}$	$1{,}6 \cdot 10^{-11}$	$5 \cdot 10^{-2}$	10^6	1
	Toluol	$7{,}9 \cdot 10^{-3}$	$1{,}9 \cdot 10^{-11}$	$5 \cdot 10^{-2}$		0,85

die Verhältnisse in den SID zu [5, 6]. Der FID ist ein massenflußabhängiger Detektor [7, 8], so daß E exakterweise als Quotient von Stromerhöhung und Probenmasse, die pro Zeiteinheit den Detektor passiert, in A/g/s angegeben werden müßte. Da aber alle Empfindlichkeiten auf die gleiche Strömungsgeschwindikgeit des Trägergases bezogen sind (0,83 cm³/s), ist ein direkter Vergleich möglich.

Neben der Nachweisgrenze im Trägergas, die unmittelbar aus E berechnet wird (mit $b = 3$), stehen in Spalte 3 die Konzentrationswerte $C_{\min}$ in ppm, aus denen die geringsten in einer Luftprobe nachweisbaren Schadstoffkonzentrationen $C_{\mathrm{p\,min}}$ gemäß

$$C_{\mathrm{p\,min}}\,[\mathrm{ppm}] = \frac{b_{1/2}\,[\mathrm{s}] \cdot V[\mathrm{cm^3/s}] \cdot C_{\min}\,[\mathrm{ppm}]}{V_{\mathrm{p}}\,[\mathrm{cm^3}]} \tag{2}$$

$b_{1/2}$: Halbwertsbreite des Peaks
V : Trägergasflußrate
V_{p} : Volumen der maximal dosierbaren Luftmenge

berechnet werden können.

Die Ausdehnung des Linearbereiches des EAD wurde gemäß der *Wentworth*schen Beziehung [9] aus einer $\frac{\Delta i}{i - \Delta i}$ gegen C-Darstellung (i = Grundionisationsstrom, Δi = Signal) gewonnen.

Um die Spezifität der Detektoren vergleichen zu können, wurde Benzol als Bezugssubstanz gewählt.

Der Tabelle ist zu entnehmen, daß organische Schadstoffe nahezu unspezifisch ($\Sigma \approx 1$) mit IQD, Ar-ID und FID nachgewiesen werden, wobei durch den kombinierten Einsatz diese drei Detektoren ein Konzentrationsbereich von 10^{-6} bis 100% überschritten werden kann.

Anorganische Komponenten können mit IQD, AID, Ar-ID und Ne-ID ebenfalls im Bereich von 10^{-6} bis 100% bestimmt werden.

Mit dem EAD und dem AID stehen hochspezifische ($\Sigma \gg$) Detektoren zur Verfügung, die den Spurennachweis der in Tab. 2 angegebenen Substanzgruppen bis in den Bereich von 10^{-10}% ermöglichen, so daß insgesamt gesehen das Detektionssystem des UGC den Nachweis einer breiten Schadstoffpalette vom Spurenbereich bis zu hohen Konzentrationen sichert.

4. Anreichernde Probenahme

Der mit dem Detektionssystem des UGC erfaßbare Konzentrationsbereich läßt sich durch anreichernde Probennahme nach noch geringeren Konzentrationen erweitern. Die geringste in der Luft nachweisbare Schadstoffkonzentration ergibt sich bei Verwendung der Anreicherungseinheit zu

$$C_{\mathrm{P_A\,min}}\,[\mathrm{ppm}] = \frac{b_{1/2}\,[\mathrm{s}] \cdot V\,[\mathrm{cm^3/s}] \cdot C_{\min}\,[\mathrm{ppm}]}{V_{\mathrm{P_A}}\,[\mathrm{cm^3}] \cdot \eta} \tag{3}$$

$V_{\mathrm{P_A}}$ = Luftvolumen, aus dem die Probe angereichert wurde
η = Anreicherungsgrad

5. Analysenbeispiel: Immissionsmessung von CO

Zur Analyse von CO in ppm -bis ppb-Bereich können, wie der Tab. 2 zu entnehmen ist, der Ar-ID und der Ne-ID eingesetzt werden. Der Ne-ID zeichnet sich durch höhere Empfindlichkeit aus, der Ar-ID durch die einfachere (Gasreinigungseinheit entfällt) und weniger störanfällige Betriebsweise.

Bei den gewählten Analysenbedingungen (Glassäule, 1 m lang, 4 mm innerer Durchmesser, gefüllt mit Molekularsieb 5A und 30 °C Analysentemperatur) wird der Luftpeak vom CO-Peak bei Dosierung von 1 cm³ (Ne-ID) bzw. 25 cm³ (Ar-ID) gerade noch abgetrennt. Aus diesen Maximalwerten V_{P} ergeben sich nach Beziehung (2) die in Tab. 3, Spalte 5, angegebenen Werte für die geringste nachweisbare CO-Konzentration $C_{\mathrm{P\,min}}$ in einer Probe.

Die Nachweisgrenze $C_{\mathrm{P\,min}} = 0{,}25$ ppm des Ne-ID liegt bei 25% des MIK_{D}-Wertes von CO (Spalte 2), erwünscht ist ein Meßbereich von 10 bis 100% MIK_{D}^{-} (Spalte 3). Dementsprechend müßte nach Beziehung (3) CO aus 2,5 cm³ mit einem Wirkungsgrad von $\eta = 100\%$ angereichert werden. Beim Ar-ID wäre unter gleichen Bedingungen eine Anreicherung aus 800 cm³ Luft erforderlich. Solche Messungen wurden an einer Leipziger Straßenkreuzung durchgeführt [10]. Das Chromatogramm einer aus 200 cm³ Luft

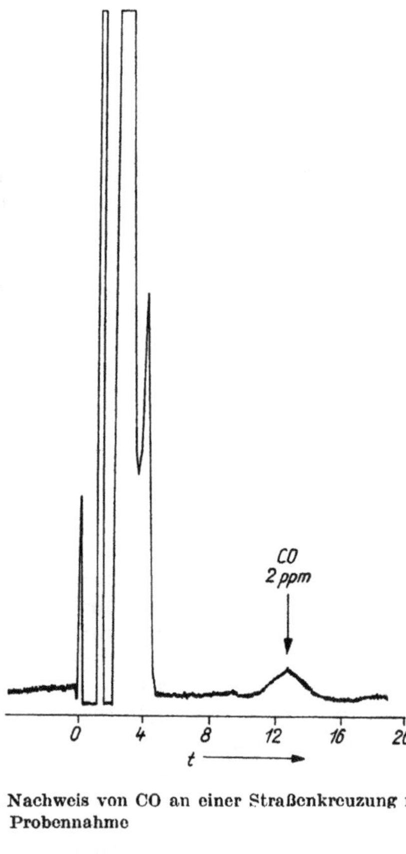

Abb. 3. Nachweis von CO an einer Straßenkreuzung mit anreichernder Probennahme

Tab. 3. Bedingungen für den Nachweis von CO im MIK-Bereich

Detektor	MIK_{Dco} ppm	Erforderlicher Meßbereich ppm	$C_{\min}$ ppm	$C_{\mathrm{P\,min}}$ ppm	$V_{\mathrm{P_A}}$ cm³	$C_{\mathrm{P_A}}$ ppm
Ne-ID	1	0,1 – 1	10^{-2}	0,25	2,5	0,1
Ar-ID	1	0,1 – 1	3,2	3,3	800	0,1

angereicherten Probe mit 2 ppm CO zeigt Abb. 3. Dieses Beispiel soll verdeutlichen, wie sich mit Hilfe der bereits bekannten Nachweisgrenzen von Substanzen oder Substanzgruppen unter Einbeziehung der Möglichkeiten von Anreicherungsverfahren und bei Beachtung auftretender Trennprobleme die Anwendbarkeit des UGC für bestimmte Problemstellungen der gaschromatographischen Umweltanalytik abschätzen läßt.

Neben Immissionsmessungen organischer und anorganischer Schadstoffe, die in der Regel mit anreichender Probennahme erfolgen, kann der UGC für zahlreiche Probleme der Arbeitsplatzüberwachung und für Emissionsmessungen eingesetzt werden.

Eingegangen am 25. 6. 1980

Literatur

[1] *P. Popp, G. Oppermann*, Chem. Techn. **28** (1976) 95

[2] *P. Popp, H.-J. Große, G. Oppermann*, J. Chromatog. **147** (1978) 47

[3] *P. Popp, J. Leonhardt, G. Oppermann*, WP G 01 N/219580

[4] *P. Popp, G. Oppermann*, Universalstrahlungsdetektor Patentanmeldung 2. 7. 79

[5] *J. Leonhardt, H.-J. Große, P. Popp, H.-W. Thümmel*, Atomic Energy Rev. **16** (1978) 247

[6] *J. Leonhardt, H.-J. Große, P. Popp*, Isotopenpraxis in Vorbereitung

[7] *I. Halasz*, Anal. Chem. **36** (1964) 1428

[8] *D. Jentzsch, E. Otte*, Detektoren in der Gaschromatographie Frankfurt/M. 1970

[9] *W. E. Wentworth, E. Chen, J. E. Lovelock*, J. Phys. Chem. **70** (1966) 445

[10] *P. Popp, G. Oppermann*, J. Chromatog. **148** (1978) 265

Empfindlichkeit und Nachweisgrenze einer Ionisationskammer zum Nachweis von Aerosolen

H.-J. Große

(Zentralinstitut für Isotopen- und Strahlenforschung der AdW der DDR)[1]

Herrn Prof. Dr. phil. habil. *C. F. Weiss* zum 80. Geburtstag gewidmet

Auf der Grundlage einer früheren Arbeit werden in der vorliegenden Publikation Empfindlichkeit und Nachweisgrenze einer Ionisationskammer zum Nachweis von Aerosolen bei homogener Verteilung der primär erzeugten Ladungsträger berechnet. Da verschiedene Autoren Raumladungseffekte zur Verbesserung dieser Leistungsparameter nutzten, wurden diese Rechnungen auch auf Kammern mit inhomogener Ionisation ausgedehnt. Die Gültigkeit der hergeleiteten Beziehungen wird anhand von Experimenten diskutiert und ihre Anwendbarkeit zur Dimensionierung und Optimierung von Ionisationskammern für praktische Meßaufgaben (z. B.: Umweltschutzmeß- und Brandwarntechnik) untersucht.

Keywords

aerosols; air pollution; gas analysis; ionization chambers; sensitivity; smokes

1. Einleitung

Bereits im Jahre 1897 beobachtete *E. Rutherford* [1] eine bedeutende Vergrößerung der Rekombinationsrate der durch ionisierende Strahlung gebildeten Kleinionen bei Anwesenheit von Aerosolen. Die breite technische Anwendung diese Effektes, die vor allem in der Brandwarntechnik (Ionisationsrauchdetektoren) und im Umweltschutz (Aerosolionisationsgasanalyse, Staubmessung) erfolgte [2—6], begann jedoch erst ab etwa 1955 und ist bis heute noch nicht abgeschlossen. Grundbaustein aller derartigen Vorrichtungen ist eine für den jeweiligen Anwendungszweck modifizierte Ionisationskammer mit eingebauter Strahlungquelle. Mit dieser Kammer werden im allgemeinen unter gleichen Bedingungen die bei Ab- und Anwesenheit von Aerosolen fließenden Ionisationsströme gemessen und miteinander verglichen, wobei die Stromdifferenz ΔI ein Maß für die Aerosolkonzentration ist.

Die optimale Dimensionierung und Einstellung der günstigsten Betriebsparameter einer derartigen Ionisationskammer sowie die Abschätzung ihrer Leistungsgrenze im konkreten Fall erfordern vor allem die Kenntnis ihrer Empfindlichkeit und Nachweisgrenze in Abhängigkeit von der Größe und Konzentration der Aerosolteilchen, der Feldstärke und den Ionisierungsverhältnissen (Art, Strahlungsintensität und Anordnung der Quelle, Geometrie der Kammer). Auf der Grundlage eines einfachen Modells der in derartigen Meßanordnungen ablaufenden Wechselwirkungsprozesse zwischen ionisierender Strahlung und Gasen [7] werden deshalb in der vorliegenden Arbeit diese Größen näherungsweise berechnet und anhand experimenteller Untersuchungen unter praktischen Aspekten diskutiert.

2. Berechnung von Empfindlichkeit und Nachweisgrenze einer Ionisationskammer zum Nachweis von Aerosolen

2.1. *Homogene Verteilung der Ladungsträger* ($R_w \geqq d$)

In einer früheren Arbeit [7] berechnete der Autor der vorliegenden Publikation unter der Annahme einer konstanten Ionisierungsdichte q (Zahl der pro Zeit- und Volumeneinheit gebildeten Ionenpaare) bei Vernachlässigung der Diffusion der Ladungsträger und der durch die Ionenwanderung bedingten Feldinhomogenitäten die Strom-Spannungs-Charakteristik einer Ionisationskammer bei Anwesenheit von Aerosolen. Danach gilt

$$U = 2\sqrt{\alpha q}\, R_T \frac{I}{\sqrt{(\beta Z)^2 + 4\alpha q(1 - I/I_s)} - \beta Z} \qquad (1)$$

[1]) Anschrift: 7050 Leipzig, Permoserstr. 15

mit

$$R_T = \sqrt{\frac{\alpha}{q}} \frac{1}{e(B^+ + B^-)} \frac{d}{F} = \frac{\sqrt{\alpha}\, d^2}{(B^+ + B^-)\sqrt{eVI_s}} \tag{2}$$

In diesen Gleichungen bedeuten U die Kammerspannung, R_T den Widerstand bei $U = 0$, I den Ionisationsstrom, I_s den Sättigungsstrom, d den Elektrodenabstand, F die Elektrodenfläche, V das Kammervolumen, B^+, B^- die Beweglichkeiten und α den Rekombinationskoeffizient der Kleinionen, β den Anlagerungskoeffizient von Kleinionen an Aerosole und Z die Zahl der Aerosolteilchen pro Volumeneinheit. Der Anlagerungskoeffizient β kann nach *Bricard* [8] und anderen Autoren [9] durch

$$\beta = \frac{4\pi Dr}{I\left(\frac{e^2}{kTr}, \pm \nu\right)} \approx 4\pi Dr \quad (\text{für } r \geqq 10^{-5}\,\text{cm}) \tag{3}$$

berechnet werden, wobei D der Diffusionskoeffizient der Kleinionen, k die *Boltzmann*konstante, T die absolute Temperatur, e die Elementarladung, r der Radius der Aerosolpartikel und ν die Zahl ihrer Ladungen sind. Die Funktion $I\left(\frac{e^2}{kTr}, \pm \nu\right)$ ist ein kompliziertes Integral, das für Luft von [8] durch graphische Integration gelöst wurde. Für $Z = 0$ (aerosolfreies Gas) erhält man aus (1) die zuerst von *J. J. Thomson* [10] angegebene Charakteristk:

$$U = R_T \frac{I_0}{\sqrt{1 - I_0/I_s}} \tag{4}$$

in der I_0 der Ionisationsstrom bei Abwesenheit des Aerosols ist.

Durch partielle Differentiation von Gleichung (1) kann nun mit Hilfe der Gleichungen (2) und (4) die Empfindlichkeit S der Ionisationskammer berechnet werden, die als Quotient aus dem Betrag der Ionisationsstromänderung $\Delta I = I_0 - I$ und der Änderung der die Aerosolpartikel charakterisierenden Größe $\Delta(\beta Z)$ definiert ist. Dabei ergibt sich vorerst folgender, nicht nach S auflösbarer Term:

$$\frac{\Delta I}{(I_0 - \Delta I)\,\Delta(\beta Z)} = -\left[\sqrt{\frac{\alpha q}{1 - I_0/I_s}} \times \left\{2 - \frac{I_0}{I_s} - \frac{2\Delta I}{I_0}\left(1 - \frac{I_0}{I_s}\right)\right\} + \beta Z\right]^{-1} \tag{5}$$

Durch Einführung einer geeigneten Näherung (Fehler <10%) folgt daraus nach entsprechenden Umformungen

$$S = \left|\frac{\Delta I}{\Delta(\beta Z)}\right| \approx \frac{I_0}{\sqrt{\frac{\alpha q}{1 - I_0/I_s}}\left(2 - \frac{I_0}{I_s}\right) + \beta Z} \tag{6}$$

Für die vor allem interessierenden kleinen Aerosolmengen ($\beta Z < 3$) kann Gleichung (6) nochmals vereinfacht werden:

$$S \approx \frac{I_0\sqrt{1 - I_0/I_s}}{\sqrt{\alpha q}\,(2 - I_0/I_s)} \tag{7}$$

Mit Hilfe von Gleichung (7) kann man nun zeigen, daß die Ionisationskammer mit eingebauter Strahlungsquelle die maximale Empfindlichkeit S_{max}

$$S_{max} = 0{,}3\,\frac{I_s}{\sqrt{\alpha q}} = 0{,}3\,\sqrt{\frac{eVI_s}{\alpha}} \tag{8}$$

bei einem Wert $I_0/I_s = 0{,}76$ erreicht. Dieses Maximum verschiebt sich nach Beziehung (6) zu höheren I_0/I_s-Werten gegen eins, wenn die Werte βZ bedeutend anwachsen.

Definiert man die minimal nachweisbare Aerosolkonzentration $(\beta Z)_{min}$ durch das Signal, das mit einer Wahrscheinlichkeit von 99,7% aus dem Rauschen erkannt werden kann, gilt bei Verwendung der von [14] gefundenen Beziehungen

$$(\beta Z)_{min} = \frac{3\delta I_0}{S} = \frac{3 I_0}{\sqrt{2\tau\Phi}\,S} \tag{9}$$

wobei δI_0 die halbe Nullinienbreite des mit der Zeitkonstanten τ registrierten Grundstromes I_0 und Φ die Intensität der Strahlung sind. Durch Einsetzen von (8) in (9) und geeignete Umformungen erhält man die unter optimalen Bedingungen erreichbare Nachweisgrenze $(\beta Z)'_{min}$ bei $I_0/I_s = 0{,}76$ zu

$$(\beta Z)'_{min} = 10\sqrt{\frac{\alpha}{eVI_s}}\,\delta I_s = 5{,}37\sqrt{\frac{\alpha q}{\tau\Phi}} = 5{,}37\sqrt{\frac{\alpha N\sigma d}{V\tau}} \tag{10}$$

Durch Verwendung von (7) und (9) können auf analoge Art die Nachweisgrenzen für beliebige Werte I_0/I_s berechnet werden.

Aus Gleichung (10) ist ersichtlich, daß die Nachweisgrenze durch ein kleines α und geringes Rauschen sowie einen hohen Sättigungsstrom I_s und ein großes Kammervolumen V verbessert werden kann. Derartige Bedingungen können, wie aus dem 2. bzw. 3. Term zu erkennen ist, durch eine große Zeitkonstante τ des Meßkreises, eine hohe Aktivität der Strahlungsquelle sowie eine geringe Wechselwirkung der primären Strahlung mit dem Füllgas, die durch den Ionisierungsquerschnitt σ und die Zahl N der Atome oder Moleküle des Gases pro Volumeneinheit charakterisiert ist, erreicht werden. Diese sich teilweise widersprechenden Forderungen lassen sich jedoch im allgemeinen im Hinblick auf vorgegebene Randbedingungen (z.B.: Gasart, Zeitverhalten) unter Beachtung der Realisierungsmöglichkeiten (z.B.: Verfügbarkeit, Bauform und Aktivität von Strahlungsquellen, Strahlenschutz) nur näherungsweise erfüllen. Gleichung (10) besitzt deshalb bei der Dimensionierung einer Ionisationskammer zum Aerosolnachweis eine große Bedeutung.

2.2. *Inhomogene Verteilung der Ladungsträger* ($d > R_w$)

Die Berechnung von Empfindlichkeit und Nachweisgrenze der Ionisationskammer zum Nachweis von Aerosolen im Abschnitt 2.1. erfolgte auf der Grundlage einer Strom-Spannungs-Charakteristik (Gleich. (1), (2), (4)), die unter der Voraussetzung einer homogenen Verteilung der Ladungsträger ($q = \text{const.}$) im gesamten Volumen ($R_w \geqq d$) erhalten wurde. Da verschiedene Autoren [11—13] feststellten, daß bei hiervon abweichenden Ionisierungsverhältnissen, insbesondere bei einer Reichweite der Strahlung $R_w < d$, Empfindlichkeit und Nachweisgrenze verbessert werden können, sollen im folgenden der hierbei wirkende Mechanismus untersucht und die oben hergeleiteten Beziehungen auf diese Verhältnisse erweitert werden.

Zu diesem Zweck betrachten wir eine Plattenionisationskammer ($R_w < d$), in deren Raum (1) nach Abb. 1 innerhalb R_w die Ionisierungsdichte $q = \text{const.}$ und die Raumladungsdichte $\varrho = 0$ sind. Im Raum (2) mit $q = 0$ fließt dann ein unipolarer Strom, dem die konstante Raum-

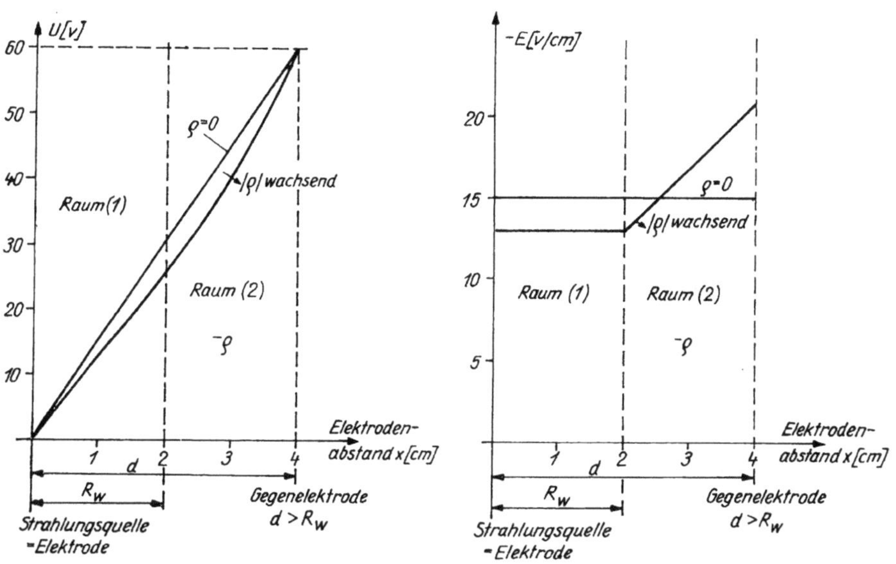

Abb. 1. Einfluß der durch das Fließen eines unipolaren Stromes erzeugten Raumladung ϱ auf Spannungs- und Feldverhältnisse einer Ionisationskammer ($R_W = 2$ cm, $d = 4$ cm, $U = 60$ V, $E = 15$ V/cm, $-\varrho = 4\varepsilon_0$)

ladungsdichte ϱ entspricht. Durch Integration der Poisson-Gleichung ergibt sich unter diesen Bedingungen der Verlauf von Spannung und Feldstärke in den Gebieten (1) (U_1, E_1) und (2) (U_2, E_2):

$$U_1 = \frac{|\varrho|}{2\varepsilon_0}\left(d - \frac{R_W^2}{d} - 2R_W\right)x + |E|\,x \tag{11}$$

$$U_2 = -\frac{|\varrho|}{2\varepsilon_0}\left(x^2 + R_W^2\right) + \frac{|\varrho|}{2\varepsilon_0}\left(d + \frac{R_W^2}{d}\right)x + |E|\,x \tag{12}$$

$$E_1 = -\frac{|\varrho|}{2\varepsilon_0}\left(d + \frac{R_W^2}{d} - 2R_W\right) - |E| \tag{13}$$

$$E_2 = -\frac{|\varrho|}{2\varepsilon_0}\left(d + \frac{R_W^2}{d} - 2x\right) - |E| \tag{14}$$

Nach Gleichung (11) bzw. (13) führt somit eine Vergrößerung der Raumladungsdichte ϱ im Raum (2) zu einer Verringerung von Spannung und Feldstärke im Raum (1). Dieses Verhalten einer Plattenionisationskammer ($R_W = 2$ cm, $d = 4$ cm, $U = 60$ V, $E = 15$ V/cm) veranschaulicht Abb. 1 bei einer Änderung der Raumladungsdichte von $\varrho = 0$ auf $-\varrho = 4\varepsilon_0$. Eine derartige Zunahme der Raumladung im Raum (2) entsteht in praxi beim Einleiten von Aerosolpartikeln in dieses Gebiet, da die hierbei entstehenden Großionen eine um mehr als eine Größenordnung geringere Beweglichkeit als die vorher vorhandenen, unipolaren Kleinionen besitzen. Die hierdurch bewirkte Feldverringerung in Raum (1) führt nun zu einer verstärkten Rekombination der dort vorhandenen bipolaren Ladungsträger, wodurch Empfindlichkeit und Nachweisgrenze von Anordnungen mit $R_W < d$ gegenüber Ionisationskammern mit homogener Ionisation ($R_W \geqq d$) verbesser werden.

Die für eine Bestimmung von Empfindlichkeit und Nachweisgrenze erforderlichen Strom-Spannungs-Charakteristiken bei Ab- und Anwesenheit von Aerosolen können nun für $R_W < d$ berechnet werden, wenn man die im Raum (1) gültigen Gleichungen (1), ..., (4) in geeigneter Weise in Gleichung (11) einsetzt. Dabei erhält man

$$U = R_T \frac{I_0}{\sqrt{1 - I_0/I_s}}\left(\frac{d}{R_W}\right) - \frac{|\varrho|}{2\varepsilon_0}(d - R_W)^2 \tag{15}$$

für den aerosolfreien Zustand, während bei Anwesenheit von Aerosolen

$$U = 2\sqrt{\alpha q}\,R_T \frac{I}{\sqrt{(\beta Z)^2 + 4\alpha q(1 - I/I_s)} - \beta Z}\left(\frac{d}{R_W}\right) - \frac{|\varrho'|}{2\varepsilon_0}(d - R_W)^2 \tag{16}$$

gilt. Neben den in den Beziehungen (1) ... (4) verwendeten Symbolen bedeuten ϱ bzw. ϱ' die bei Ab- und Anwesenheit von Aerosolen im Raum (2) vorhandenen Raumladungsdichten, ε_0 die Dielektrizitätskonstante und R_W die „effektive" Reichweite der Strahlung. Die Berechnung der Raumladungsdichten in Abhängigkeit von $d - R_W$, I_0/I_s, r und Z ist leider ohne zusätzliche Annahmen auf einfache Art nicht möglich. Es ist jedoch leicht einzusehen, daß

$$\frac{\varrho}{2\varepsilon_0} = \frac{F(I_0/I_s)}{(d - R_W)} + \frac{\varrho_0}{2\varepsilon_0} \tag{17}$$

und

$$\frac{\varrho'}{2\varepsilon_0} = (1 - \exp(-\beta Z t))\left(1 + \frac{\beta}{\alpha}\right)\frac{\varrho_0}{2\varepsilon_0} \tag{18}$$

gilt. Dabei beschreiben $F(I_0/I_s)$ die unbekannte Abhängigkeit der Raumladungsdichte von I_0/I_s und $\frac{\varrho_0}{2\varepsilon_0}$ die sich durch Diffusion der Kleinionen bei $U = 0$ ausbildende Raumladung. Bei Anwesenheit von Aerosolen vergrößert sich nach Gleichung (18) $\frac{\varrho}{2\varepsilon_0}$ um den Faktor $\frac{\beta}{\alpha}$, der den Unterschied zwischen der Anlagerung der Kleinionen an Aerosole und der Rekombination von Kleinionen charakterisiert. Da eine vollständige Anlagerung von Kleinionen an die eingeleiteten Aerosolteilchen nicht immer erfolgen kann, wurde in Gleichung (18) der Faktor $f = (1 - e^{-\beta Z t})$ eingeführt. Dabei ist t die zur Anlagerung der Kleinionen zur Verfügung stehende Zeit, die durch den Weg $d - R_W$ und die Geschwindigkeit v bestimmt wird, mit der das Aerosol durch die Kammer gelangt.

Da $F(I_0/I_s)$ in Gleichung (17) nicht bekannt ist, kann die Empfindlichkeit S nicht wie im Abschnitt 2.1. durch partielle Differentiation von Gleichung (16) berechnet werden. Es ist deshalb erforderlich, $\frac{\varrho}{2\varepsilon_0}$ bzw. $\frac{\varrho_0}{2\varepsilon_0}$ empirisch zu be-

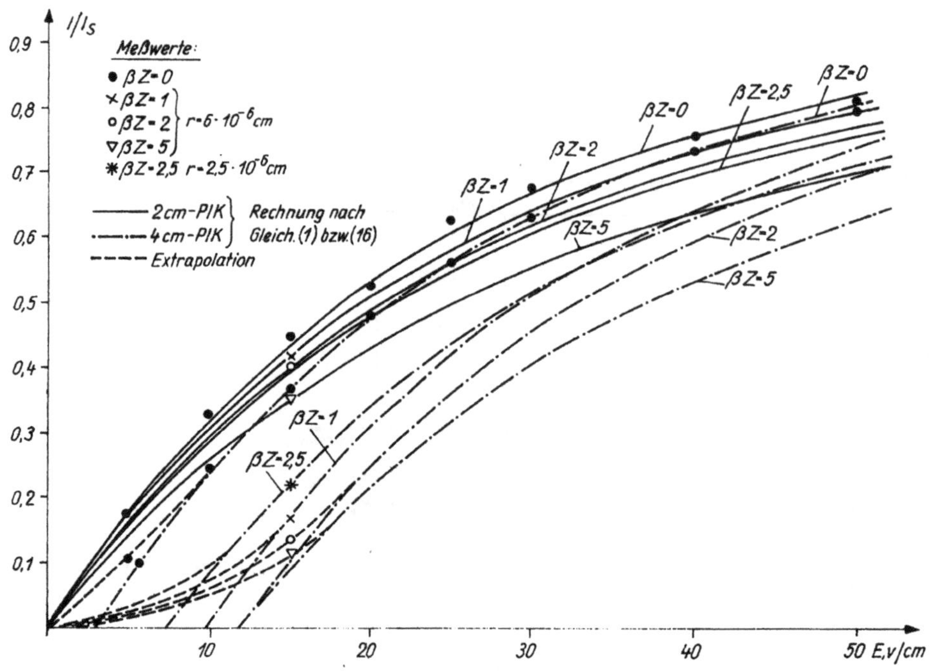

Abb. 2. Strom-Spannungs-Charakteristiken bei Ab- und Anwesenheit verschiedenartiger Aerosole ($r = 6 \cdot 10^{-6}$ cm, $\beta Z = 1, 2, 5$; $r = 2{,}5 \cdot 10^{-6}$ cm, $\beta Z = 2{,}5$) einer Plattenionisationskammer mit homogener ($R_W = d = 2$ cm) und inhomogener ($R_W = 2$ cm, $d = 4$ cm) Ionisierung

stimmen. Hierzu sind die Strom-Spannungs-Charakteristiken bei aerosolfreier Luft für $R_w = d$ und mindestens einen Plattenabstand $d - R_w > 0$ (günstig: $d = 2R_w$) aufzunehmen. Aus diesen Messungen ergibt sich $\frac{\varrho_0}{2\varepsilon_0}$ neben dem relativen Rauschen $\delta I_0/I_0$ direkt, während $\frac{\varrho}{2\varepsilon_0}$ in Abhängigkeit von I_0/I_s mit Hilfe von Gleichung (11) ermittelt wird. Hierzu wird für unterschiedliche Werte I_0/I_s aus der Charakteristik der Kammer mit $d > R_w$ die Feldstärke E bestimmt. Die zugehörigen Spannungen U_1 erhält man dann bei festgehaltenem I_0/I_s aus der Charakteristik der Ionisationskammer mit $d = R_w$. Da diese außerdem I_s und R_T liefert, können nun, wie aus Abb. 2 ersichtlich, die Strom-Spannungs-Chrakteristiken für verschiedene $d - R_w$ und βZ mit Hilfe der Gleichungen (15) ... (17) berechnet und graphisch dargestellt werden. Aus einer derartigen Darstellung erhält man direkt das Meßsignal ΔI in Abhängigkeit von I_0/I_s und βZ für unterschiedliche $d - R_w$ durch graphische Subtraktion. Stellt man in einem weiteren Bild $\Delta I = f(I_0/I_s, \beta Z)$ dar, so ist in diesem das maximale Meßsignal $(\Delta I)_{max}$ mit dem zugehörigen I_0/I_s-Wert sofort ablesbar. Der Quotient aus $(\Delta I)_{max}$ und kleinen βZ-Werten ($\beta Z \to 0$) ergibt dann die maximale Empfindlichkeit S_{max}. Setzt man diesen Wert und δI_0 in Gleichung (9) ein, erhält man schließlich die Nachweisgrenze $(\beta Z)'_{min}$. Analog können natürlich auch für beliebige I_0/I_s-Werte S und $(\beta Z)_{min}$ bestimmt werden.

3. Experimentelle Untersuchungen und Diskussion der hergeleiteten Beziehungen

3.1. *Homogene bzw. quasihomogene Verteilung der Ladungsträger* ($R_w \geqq d$)

Da die durch die Gleichungen (1), (2) und (4) beschriebenen Strom-Spannungs-Charakteristiken Grundlage aller weiteren, im Abschnitt 2. hergeleiteten Beziehungen sind, ist vorerst deren Gültigkeit zu untersuchen. Hierfür kann bereits einer früheren Arbeit [7] entnommen werden, daß diese ab $I_0/I_s > 0{,}1$ den Verlauf der Charakteristik qualitativ richtig beschreiben, auch wenn keine isotrope Verteilung der Ladungsträger ($q \neq$ const.) im Kammervolumen vorliegt. Eine quantitative Übereinstimmung innerhalb von weniger als 10% kann erreicht werden, wenn die Ladungsträgerverteilung als quasihomogen angesehen wird und R_T nach Gleichung (2) durch den empirisch bei aerosolfreiem Gas zu bestimmenden Wert $R_{T,exp}$ ersetzt wird. Dabei wächst $R_{T\,exp}$ mit zunehmender Anisotropie der Ladungsträgerverteilung in der Ionisationskammer. Dementsprechend wurde auch bei unseren Untersuchungen verfahren. Abb. 2 zeigt die experimentell und mit Hilfe der Gleichungen (1) und (4) bei Verwendung von $R_{T\,exp} = 1{,}73 \cdot 10^{11}\ \Omega$ ($R_{T\,exp}/R_T = 3{,}9$) erhaltenen Charakteristiken einer luftgefüllten 2-cm-Plattenionisationskammer mit eingebauter ^{241}Am-α-Strahlungsquelle ($R_w = 2$ cm, $I_s = 3 \cdot 10^{-10}$ A, $V = 25{,}6$ cm^3) bei Ab- und Anwesenheit von Aerosol ($\beta Z = 0, 1, 2, 2{,}5, 5$). Dabei ist eine gute Übereinstimmung zwischen Rechnung und Experiment zu beobachten. Durch graphische Subtraktion gemäß dem am Ende des Abschnittes 2.2. angegebenen Verfahren wurde das Empfindlichkeitsmaximum für kleine βZ in Übereinstimmung mit den Überlegungen des Abschnittes 2.1. bei $I_0/I_s = 0{,}75$ gefunden. Auch dessen Verschiebung mit zunehmendem βZ nach $I_0/I_s = 1$ wird dabei bestätigt. Der auf diese Art ermittelte Wert von S_{max} stimmt innerhalb von 5% mit dem nach Gleichung (8) erhaltenen Wert $S_{max} = 8{,}5 \cdot 10^{-12}$ As überein. Messungen und rechnerische Abschätzungen ergaben ein relatives Rauschen $\delta I_0/I_0 = 0{,}5\%$ ($\tau = 1$ s). Mit diesem Wert und S_{max} ergibt sich nach Gleichung (9) die Nachweisgrenze der Ionisationkammer zu $(\beta Z)'_{min} = 0{,}4\,\mathrm{s}^{-1}$. Da nach Gleichung (3) Aerosolpartikel mit Radien von $r = 2{,}5 \times 10^{-6}$ cm und $r = 6 \cdot 10^{-6}$ cm Anlagerungskoeffizienten $\beta = 2{,}02 \cdot 10^{-6}$ cm s^{-1} bzw. $4{,}04 \cdot 10^{-6}$ cm^3 s^{-1} besitzen, können mit unserer Ionisationskammer Aerosolkonzentrationen $Z_{min} = 2 \cdot 10^5$ Teilchen cm^{-3} bzw. $Z_{min} = 10^5$ Teilchen cm^{-3} noch angewiesen werden.

3.2. *Inhomogene Verteilung der Ladungsträger* ($d > R_w$)

Eine Untersuchung der Gültigkeit der für eine inhomogene Verteilung der Ladungsträger ($d > R_w$) im Abschnitt 2.2. hergeleiteten Beziehungen erfolgte gleichfalls mit der oben beschriebenen Ionisationskammer, wobei der Plattenabstand bis zu $d = 8$ cm vergrößert wurde. Nach den im Abschnitt 2.2. angegebenen Methoden wurden hierzu vorerst $\frac{\varrho}{2\varepsilon_0}$ und $\frac{\varrho_0}{2\varepsilon_0}$ in Abhängigkeit von $d - R_w$ und I_0/I_s ermittelt (s. Abb. 3a), wobei die Gültigkeit von Gleichung (17) vollauf bestätigt wurde. Eine weiterführende Untersuchung unter der Annahme, daß die Raumladungsdichte höchstens gleich der primär erzeugten Kleinionendichte $n_0 = \sqrt{\frac{q}{\alpha}}$ sein kann, ergab mit Gleichung (17) für $d > R_w$ die empirische Beziehung

$$\frac{\varrho}{2\varepsilon_0} = \frac{\left(\sqrt{\frac{q}{\alpha}} - \varrho_0\right)}{2\varepsilon_0(d - R_w)}\left(\frac{I_0}{I_s}\right)^{1/3} + \frac{\varrho_0}{2\varepsilon_0} \tag{19}$$

die innerhalb von weniger als 15% mit den experimentellen Daten übereinstimmende Werte liefert $\left(\frac{1}{2\varepsilon_0}\sqrt{\frac{q}{\alpha}} = 6{,}35 \text{ V cm}^{-2}, \frac{\varrho_0}{2\varepsilon_0} = 0{,}9 \text{ V cm}^{-2}\right)$. Die Allgemeingültigkeit dieser Beziehung, die bis auf $\frac{\varrho_0}{2\varepsilon_0}$ die Berechnung der Raumladungsdichten ermöglichen würde, sollte deshalb durch weitere Experimente mit anderen Meßanordnungen geprüft werden.

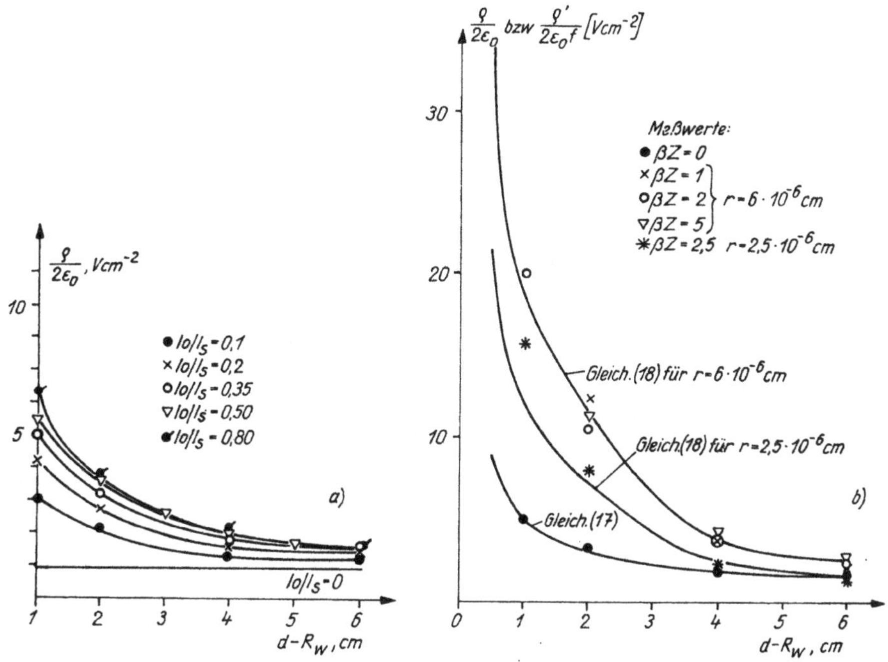

Abb. 3. a) Raumladungsdichte $\frac{\varrho}{2\varepsilon_0}$ bei Abwesenheit des Aerosols in Abhängigkeit von I_0/I_s und $d - R_w$

b) Raumladungsdichte $\frac{\varrho}{2\varepsilon_0}$ und $\frac{\varrho'}{2\varepsilon_0 f}$ bei Ab- und Anwesenheit verschiedenartiger Aerosole ($r = 6 \cdot 10^{-6}$ cm, $\beta Z = 1, 2, 5$; $r = 2{,}5 \cdot 10^{-6}$ cm, $\beta Z = 2{,}5$)

Tab. 1. Korrekturfaktor $f = (1 - e^{-\beta Z t})$ nach Gleichung (18) in Abhängigkeit von $d - R_w$ und βZ für $v = 50$ l/h

$d - R_w$, cm	$\beta Z = 1$	$\beta Z = 2$	$\beta = 2{,}5$	$\beta Z = 5$
1	0,59	0,83	0,89	1,00
2	0,84	1,00	1,00	1,00
4	1,00	1,00	1,00	1,00
6	1,00	1,00	1,00	1,00

Bei Verwendung der in Abb. 3a angegebenen Raumladungsdichten und der in Tab. 1 angegebenen Faktoren f wurden nun die Raumladungsdichten $\frac{\varrho'}{2\varepsilon_0}$ bei Anwesenheit von Aerosolpartikeln in Abhängigkeit von $d - R_w$ für $r = 2{,}5 \cdot 10^{-6}$ cm und $r = 6 \cdot 10^{-6}$ cm bei $I_0/I_s = 0{,}35$ nach Gleichung (18) berechnet. Die dabei erhaltenen, in Abb. 3b dargestellten Kurven weisen eine gute Übereinstimmung mit dem Experiment ($I_0/I_s = 0{,}35$) für unterschiedliche βZ und $d - R_w$ auf. Eine Ausnahme stellt dabei nur der für $\beta Z = 5$ bei $d - R_w = 1$ erhaltene Wert dar. Bei einer so hohen Aerosolkonzentration wird offensichtlich die in Abb. 3a angegebene Abhängigkeit der Raumladungsdichte von $d - R_w$ durch in Raum (1) eindringende Aerosolpartikel bzw. Großionen bedeutend gestört, so daß die Voraussetzungen der Gleichung (18) zur Berechnung von $\frac{\varrho'}{2\varepsilon_0}$ nicht mehr erfüllt sind. Diese Vermutung wird außerdem durch den in Tab. 1 angegebenen Faktor $f = 1$ für $\beta Z = 5$ bei $d - R_w = 1$ cm erhärtet.

Nach Kenntnis der Raumladungsdichten $\frac{\varrho}{2\varepsilon_0}$, $\frac{\varrho_0}{2\varepsilon_0}$, $\frac{\varrho'}{2\varepsilon_0}$ wurden mit Hilfe der Gleichungen (17) und (18) bzw. (1) und (4) für unterschiedliche Werte $\beta Z = 0, 1, 2{,}5, 5$ und

$d - R_w = 1, 2, 4, 6$ die Strom-Spannungs-Charakteristiken berechnet. Abb. 2 zeigt die Ergebnisse für die 2-cm-($d = R_w$) und 4-cm-Plattenionisationskammer ($d = 2R_w$). Auch im Falle $d > R_w$ wird ab $I_0/I_s > 0{,}1$ eine gute Übereinstimmung zwischen Rechnung und Experiment gefunden. Die Vernachlässigung der Diffusion bei $I_0/I_s < 0{,}1$ fällt allerdings hier bedeutend stärker ins Gewicht. Die maximale Empfindlichkeit wird, wie aus Abb. 2 zu ersehen, bei $d > R_w$ bei wesentlich kleineren I_0/I_s-Werten ($I_0/I_s = 0{,}35$) erreicht. Eine derartige Tendenz zur Verschiebung dieses Maximums zu niedrigeren I_0/I_s-Werten hin, wurde vom Autor bereits bei früheren Untersuchungen [7, 14] ($I_0/I_s = 0{,}5 \ldots 0{,}65$) beobachtet, bei denen nur eine quasihomogene Verteilung der Ladungsträger in der Kammer vorausgesetzt werden konnte, obwohl $R_w \geqq d$ galt. Ursache dieser Erscheinung sind offensichtlich Raumladungen, die durch eine anisotrope Ladungsträgerverteilung im Kammervolumen entstehen und einen ähnlichen Einfluß auf die Rekombinationsrate der Kleinionen wie der unipolare Strom besitzen. Diese Vermutung wird durch eine empirisch gefundene [11, 13] Verbesserung der Nachweisgrenze gegenüber Meßanordnungen mit nahezu isotroper Verteilung der Ladungsträger erhärtet.

Um nun diesen Verstärkungseffekt für den Fall $d > R_w$ näher zu untersuchen, wurden aus den oben berechneten Strom-Spannungs-Charakteristiken die relativen Ionisationsstromänderungen $\Delta I/I_0$ [%] bei $E = 15$ V/cm für unterschiedliche βZ-Werte und $r = 2{,}5 \cdot 10^{-6}$ cm bzw. $r = 6 \cdot 10^{-6}$ cm graphisch und durch direkte Messung in Abhängigkeit von $d - R_w$ ermittelt. Die erhaltenen Ergebnisse zeigt Abb. 4. Im Hinblick auf die Größe der Meßfehler und die bei der Herleitung der zur Berechnung erforderlichen Näherungen ist hier eine gute qualitative und befriedigende quantitative Übereinstimmung zwischen Rechnung und Experiment zu beobachten. Größere Abweichungen treten aus oben diskutierten Gründen erst bei $\beta Z = 5$ auf, so daß unsere Berechnungen für die vor allem interessierenden, kleinen Aerosolkonzentrationen in guter Näherung gelten. Der günstigste Elektrodenabstand wird nach Abb. 4 bei $d = 2\,R_w$ erreicht. Vergleicht man nun die Empfindlichkeitsmaxima bzw. Nachweisgrenzen $(\beta Z')_{\min}$ der Ionisationskammer bei $d = 2$ cm und $d = 4$ cm ($I_0/I_s = 0{,}75$ bzw. $I_0/I_s = 0{,}35$) miteinander, so werden im Falle $d = 2R_w$ diese Leistungsparameter in Abhängigkeit vom Teilchenradius um etwa eine Größenordnung ($r = 6 \cdot 10^{-6}$ cm) bzw. einen Faktor $6 \ldots 7$ ($r = 2{,}5 \cdot 10^{-6}$) verbessert. Damit können mit der 4-cm-Plattenionisationskammer noch Aerosolkonzentrationen $Z_{\min} = 10^4$ Teilchen cm^{-3} bzw. $Z_{\min} = 3 \cdot 10^4$ Teilchen cm^{-3} für die angegebenen Radien nachgewiesen werden. Weiterhin ist nach den Gleichungen (3) und (18) zu erwarten, daß größere Radien der Aerosolpartikel die Nachweisgrenze wesentlich verbessern (z.B.: $r = 5 \cdot 10^{-5}$ cm $\rightarrow$ Faktor 50). Diese Vermutung sollte durch weitere Experimente überprüft werden.

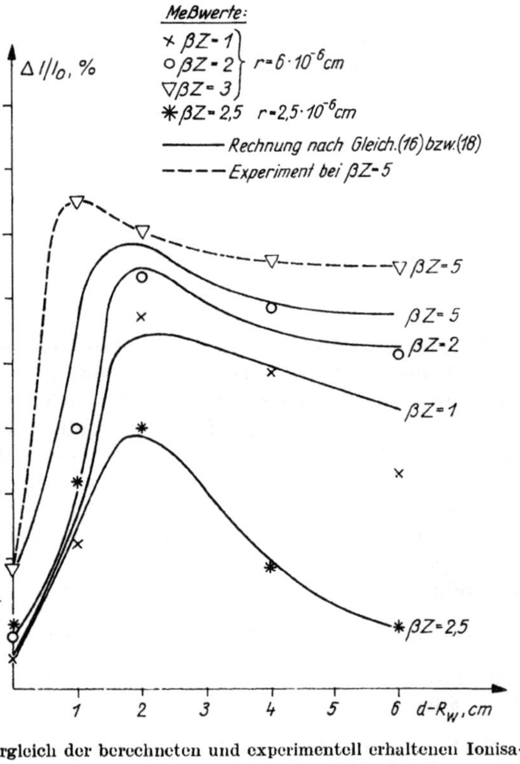

Abb. 4. Vergleich der berechneten und experimentell erhaltenen Ionisationsgrundstromänderungen $\Delta I/I_0$ in Abhängigkeit von der Aerosolart ($r = 6 \cdot 10^{-6}$ cm, $\beta Z = 1, 2, 5$; $r = 2{,}5 \cdot 10^{-6}$ cm, $\beta Z = 2{,}5$) und $d - R_W$

4. Anwendung der hergeleiteten Beziehungen bei der Dimensionierung und Optimierung von Ionisationskammern zum Nachweis von Aerosole

Unter Berücksichtigung der Anforderungen der zu lösenden Meßaufgabe und der technischen Realisierungsmöglichkeiten dimensioniert man eine Ionisationskammer zum Nachweis von Aerosolen zweckmäßigerweise mit Hilfe der Gleichungen (8) bzw. (10) für Empfindlichkeit und Nachweisgrenze, da diese Leistungsparameter letztendlich die Leistungsgrenzen der Meßmethode festlegen. Dabei sollten gewisse Sicherheiten eingeplant werden, da die Optimierung der Betriebsparameter unter Beachtung aller Gesichtspunkte zu Empfindlichkeitsverlusten führen kann. Mit (8) und (10) können auch verschiedene Lösungsvarianten auf einfache Art miteinander verglichen werden.

Für Elektrodenabstände $d > R_w$ verwendet man zweckmäßigerweise gleichfalls diese Gleichungen, wobei nach unseren Untersuchungen bei $d = 2R_w$ für Aerosolpartikelradien $r > 5 \cdot 10^{-6}$ cm die berechneten Werte um mehr als eine Größenordnung verbessert werden. Die Verschiebung des Empfindlichkeitsmaximums zu kleineren I_0/I_s-Werten ist jedoch bei derartigen Untersuchungen zu beachten. Ein wesentlich genauerer Vergleich von Empfindlichkeit und Nachweisgrenze verschiedener Lösungsvarianten mit $R_w < d$ ist jedoch auch mit Hilfe der im Abschnitt 2.2. beschriebenen Methode möglich, wobei $\frac{\varrho}{2\varepsilon_0}$ näherungsweise nach Gleichung (19) abgeschätzt werden kann.

Auf diese Art ist es möglich, die Ionisierungsverhältnisse (Art, Aktivität und Anordnung der Strahlungsquelle, Volumen, Elektrodenabstand) der Kammer festzulegen und verschiedene Lösungsvarianten auf objektiver Grundlage miteinander zu vergleichen. Nur in wenigen Fällen dürften orientierende experimentelle Untersuchungen noch erforderlich sein.

Nach Wahl der Ionisationskammeranordnung können nun mit Hilfe der Gleichungen (6) ... (10) ihre Betriebsparameter optimiert werden, wobei außer Empfindlichkeit und Nachweisgrenze die in [7] abgeschätzten Einflußgrößen Druck, Temperatur und Feuchte sowie evtl. weitere, durch die Meßaufgabe bestimmte Parameter zu berücksichtigen sind. Hierzu müssen allerdings vorerst die erforderlichen empirischen Größen $\left(R_T,\ \delta I_0/I_0,\ I_s,\ V,\ \text{evtl.}\ \frac{\varrho_0}{2\varepsilon_0},\ \frac{\varrho}{2\varepsilon_0}\right)$

ermittelt (s. a. Abschnitt 2) werden. Für solche Zwecke eignet sich besonders eine Ionisationskammer mit variablem Elektrodenabstand d, die zusätzlich die Bestimmung der meist oft schwer abschätzbaren „effektiven" Reichweite R_w realer Strahlungsquellen erlaubt (evtl. für Dimensionierungszwecke erforderlich).

In der Mehrzahl der Fälle ist es jedoch zweckmäßiger und bei $R_w < d$ erforderlich, die Strom-Spannungs-Charakteristiken nach den Gleichungen (1), (4) bzw. (15) ... (18) für unterschiedliche βZ-Werte zu berechnen. Die im Abschnitt 2.2. beschriebene graphische Methode liefert dann auf der Grundlage dieser Rechnungen einen guten Überblick über den Zusammenhang zwischen I_0/I_s und S, $(\beta Z)_{min}$ und allen weiteren Einflußgrößen.

Nach einer Optimierung der Betriebsparameter der Kammer mit Hilfe der angegebenen Methoden werden dann die erhaltenen Rechenwerte eingestellt und experimentell überprüft. Durch eine geringfügige Änderung dieser Größen ist es jetzt mit wenig Aufwand möglich, diese Optimierung empirisch zu verfeinern.

5. Zusammenfassung und Ergebnisse

Die in der vorliegenden und in früheren Arbeiten [7, 14] durchgeführten Untersuchungen an Ionisationskammern mit eingebauter Strahlungsquelle unterschiedlichster Ionisierungsverhältnisse zum Nachweis von Aerosolen zeigen, daß deren Verhalten durch die dabei erhaltenen Beziehungen in guter Näherung qualitativ und quantitativ ($<10\%$ für $R_w \geqq d$, $< 15\%$ für $R_w < d$) beschrieben wird. Ihre Gültigkeit erstreckt sich auf Werte $I_0/I_s > 0{,}1$ und die vor allem praktisch interessierenden kleinen βZ-Werte. Voraussetzung für die Anwendbarkeit der erhaltenen Gleichungen ist allerdings die Bestimmung weniger, aber auf einfache Art (aerosolfreies Gas) zu messender Größen.

Mit Hilfe des in dieser Arbeit dargelegten Formalismus ist es möglich, die wichtigsten Leistungsparameter (Empfindlichkeit, Nachweisgrenze) und Einflußgrößen (z.B. Druck, Temperatur, Feuchte) [7] einer Ionisationskammer zum Nachweis von Aerosolen für alle praktisch vorkommende Ionisierungsverhältnisse ($R_w \geqq d$, $R_w < d$) zu berechnen.

Damit wird die Dimensionierung derartiger Meßanordnungen für die unterschiedlichsten Anwendungsgebiete (z.B. Umweltschutz, Brandwarntechnik) auf objektiver Grundlage bedeutend erleichtert und der Vergleich von Lösungsvarianten ermöglicht. Bei der Optimierung der Betriebsparameter reduziert die angegebene Methode den sonst üblichen Meßaufwand bedeutend.

Eingegangen am 7. 7. 1980

Literatur

[1] *E. Rutherford*, Phil. Mag. **44** (1897) 422

[2] *L. E. Maley*, Nucleonics **18** (1960) 126

[3] *H. -J.Große, P. Popp*, Technik und Umweltschutz **21** (1979) 50

[4] *J. W. Leonhardt, H.-J. Große, P. Popp, H.-W. Thümmel*, Atomic Energy Review **16** (1978) 247

[5] *W. Coenen*, Staub **23** (1963) 119

[6] *W. Coenen*, Staub **24** (1964) 350

[7] *H.-J. Große*, Zfl.-Mitteilung **14** (1978) 100

[8] *J. Bricard*, Journ. of geophys. Res. **54** (1949) 39

[9] *J. Bricard, J. Pradel*, Aerosol Science, Academic Press, London, New York 1966, 87

[10] *J. J. Thomson, G. P. Thomson*, Conduction of Electricity through Gases I, Cambridge University Press 1928, 19

[11] *H.-J. Große, F. Gleisberg*, DDR-PS 113810, G 01 n 27/62 v. 5. 8. 1974

[12] *H. Derfler*, BRD-PS 1046372 42 1 4/25 v. 25. 1. 1957

[13] *H.-R. Döring, F. Gleisberg, H.-J. Große*, DDR-PS 140688 G 01 N 27/66 v. 14. 12. 1978

[14] *H.-J. Große, H.-R. Döring, F. Gleisberg*, Radionalanalytical Chemistry (im Druck)

Probleme der Bestimmung von elementspezifischen Stoffverteilungen und Materialbilanzen mittels Aktivierungstechnik

J. Flachowsky

(Zentralinstitut für Isotopen- und Strahlenforschung der Akademie der Wissenschaften der DDR)[1]

Herrn Prof. Dr. phil. habil. *C. F. Weiss* zum 80. Geburtstag gewidmet

Die Ermittlung der Materialbilanz mehrkomponentiger Systeme, insbesondere wenn sie, wie in der Metallurgie, elementspezifisch sein muß, erfolgt über die Ermittlung des Flächenintegrals energieselektiver Impulsraten. Die Anwendung des Prinzips der Isotopenverdünnungsanalyse gestattet dabei in geschlossenen Systemen bequem Mengenmessungen im Tonnenbereich. Der Bestimmungsfehler ist außer von der Kenntnis anlagenspezifischer Parameter vor allem von der genauen Kenntnis der Einsatzaktivität abhängig. Eine systemisotope und chemisch isotope Markierung großvolumiger Proben erfordert den Einsatz der Aktivierungstechnik. Der Einfluß von Flußinhomogenitäten auf die Reproduzierbarkeit der Ergebnisse und ihre Korrektur über Flußmonitore werden näher dargestellt, und über die gesammelten Erfahrungen und die möglichen Fehlerquellen wird berichtet.

Keywords

activation analysis; copper; errors; isotope dilution; material balances; pyrometallurgy; tracer techniques

1. Einleitung

Die industrielle Isotopenanwendung in Form offener radioaktiver Stoffe erfolgt vornehmlich zur Ermittlung des Zeitverhaltens von Stoffströmen. Die einfache Applikation und die meist günstigen meßtechnischen Bedingungen gestatten es in eleganter Weise eine Vielzahl wichtiger Anlagenparameter hinsichtlich ihrer Zeitfunktion zu gewinnen. Ungleich problematischer ist der Versuch, Stoffverteilungen und Materialbilanzen aufzunehmen. Die seitens der Anlagenbetreiber geforderten Genauigkeiten, die anlagen-

[1]) Anschrift: 7050 Leipzig, Permoserstr. 15

spezifischen Besonderheiten und die Anforderungen durch den Strahlenschutz grenzen die gegebenen prinzipiellen Möglichkeiten erheblich ein. Für die Ermittlung von Materialbilanzen und -verteilungen sowie von Stoffstrommengen gibt es zwei prinzipielle tracertechnische Lösungsmöglichkeiten [1].

1. Systemmarkierung mit definierten Aktivitätsmengen Bestimmung der Materialbilanz über die Bilanz der Aktivitätsmengen im Anlagen-output
2. Systemmarkierung mit definierten Aktivitätsmengen und Mengenbestimmung über Isotopenverdünnung (diskontinuierliche Prozesse)

Die Randbedingungen für den Einsatz der Tracertechnik sind

- ein ungestörter Produktionsablauf
- Einhaltung der Strahlenschutzbestimmungen.

Die Richtigkeit der zu gewinnenden Information ist vor allem eine Funktion der systemisotopen und chemisch-isotopen Markierung. Das gilt insbesondere dann, wenn elementspezifische Verteilungen bei mehrkomponentigem Input und eingeschlossener Reaktionskinetik die dominierenden Verfahrensparameter sind. Typisches Beispiel ist die Metallurgie. So werden in der Kupferpyrometallurgie *Möller*gemische verschiedener Herkunft, Zusammensetzung und unterschiedlichem Wertmetallgehalt verarbeitet. Die Ökonomie des Verfahrens ist von der Schmelzausbeute — den sog. Ausbringenskennziffern der einzelnen Möllerkomponenten — abhängig. Da sich die Metallanteile der einzelnen Bestandteile eines Polymöllers im Schmelzprodukt chemisch-analytisch nicht unterscheiden lassen, ist auch die Zuordnung der Ausbringenskennziffer eines metallurgisch interessierenden Elements zu einer bestimmten *Möller*komponente im laufenden Betrieb nur mittels tracertechnischer Verfahren möglich [2, 3].

2. Tracertechnischer Lösungsweg

Die Erläuterungen sollen am Beispiel der Pyrometallurgie als der komplexesten Variante zur Bestimmung der Elementverteilung einer Input-Multielementkomponente vorgenommen werden.

Der prinzipielle Versuchsablauf ist dabei folgender:

- chemisch und systemisotope Markierung einer bekannten Menge der zu untersuchenden Komponente
- Zugabe dieser Aktivmenge mit definierten Aktivitäten auf eine Lage des gleichen inaktiven Materials
- Ermittlung der Aktivitätsverteilung in den Verhüttungsprodukten
- Ermittlung der während des Aktivversuches durchgesetzten Mengen (über Schmelzleistungen, durch Wägung, Auslitern oder über Isotopenverdünnungsanalyse)
- Umrechnung auf prozentuale Verteilungen (Ausbringenskennziffern) des interessierenden Metalls der untersuchten Komponente.

Randbedingung für die Eindeutigkeit der gewonnenen Aussage ist im Falle der Pyrometallurgie das hüttentechnologisch gleichartige Verhalten von markierter Probe und Gesamtheit des Materials im Schmelzprozeß.

In Abb. 1 ist als Beispiel schematisch die Radionuklidtracertechnik zur Bestimmung der Kupferverteilung im Schachtofenprozeß dargestellt. Zur Markierung wird im allgemeinen aus einer großen Menge (bis zu 2 t Material wegen der inhomogenen Zusammensetzung) eine Durchschnittsprobenmenge von 2—5 kg ausgekreuzt, dieses Material brikettiert oder tablettiert (Druckfestigkeit wie

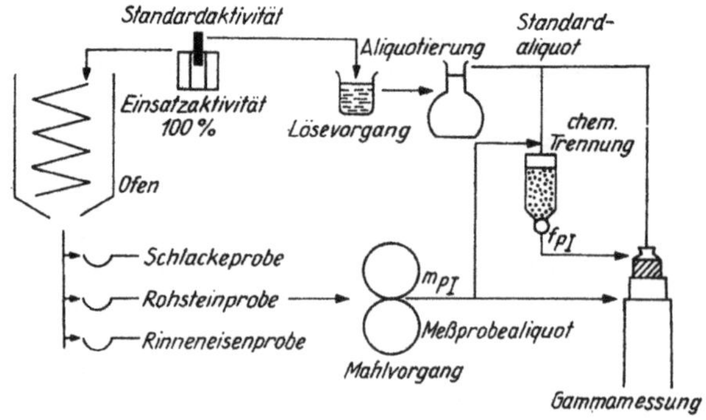

Abb. 1. Schematische Darstellung der Arbeitstechnik zur Bestimmung von Elementverteilungen im Schachtofenprozeß mittels radioaktiv markierter Erzbriketts

Originalmöller) und markiert (Aktivierungstechnik). In einigen Fällen (Au) lassen sich auch Tracermarkierungen durchführen. Wie Versuche zeigten (Markierung mit ^{65}Zn, ^{64}Cu, ^{59}Fe, ^{198}Au) sind die zur Fixierung der Aktivität notwendigen Temperprozesse von erheblichem Einfluß. Zu niedrige Temperaturen und ungeeignete Temperprozeduren ergeben zu hohe Verschlackungsverluste und führen zu Fehlinterpretationen der Ergebnisse. Im allgemeinen sind bei synthetisch hergestellten Feststoffmarkierungssystemen meist Fehlergebnisse zu erwarten [4].

In Abb. 2 ist der entsprechende Berechnungsformalismus für die Cu-Bilanz zusammengestellt. Er ist für alle anderen Fälle ebenfalls anwendbar. Experimentell wird die Einsatzaktivität 100% A durch Mitbestrahlen einer definierten Menge des gleichen Materials ermittelt. Zu diesem Zweck sind die brikettierten Proben mit Mittelbohrungen versehen. Sie werden in Al-Kapseln im Kernreaktor bestrahlt und der Standard sowie entsprechende Flußmonitore unmittelbar am Zugabeort mittels spezieller Öffnungsvorrichtungen entnommen.

Die Forderungen des Metallurgen an die analytische Leistungsfähigkeit der Methode bestehen in der Ermittlung der Ausbringenskennziffern auf $\pm 1\%$ unter Produktionsbedingungen ohne Störungen des Produktionsablaufs. Abgeleitet vom Berechnungsformalismus bedeutet das, die Meßergebnisse über eine große Zahl von Einzelprobenmessungen abzusichern und die Mengenbestimmungen und

(Teilkomponente $A_i \xrightarrow{<1}$ Produktkomponente PI)

$$\sum_{1}^{i} A_i \rightsquigarrow \sum_{I}^{J} P_J$$

$$\%A_{i(PI)} = \frac{PI\,\phi}{100\%A_i} \cdot 10^2$$

$$PI\,\phi = \frac{Z_{PI}}{m_{PI}} \cdot M_{PI} \cdot f_{PI}$$

$$100\%A_i = \frac{Z_{A_i}}{St_{A_i}} \cdot M_{A_i}$$

Abb. 2. Berechnungsformalismus zur Ermittlung elementspezifischer Stoffbilanzen

Z_{Aj} = Zählrate Stand.aliq.
St_{Aj} = Masse Stand.aliq.
M_{Aj} = Masse Einsatzakt.
$PI\Phi$ = Aktivitätspeak PI
Z_{PI} = Zählrate-aliquote Meßprobe von PI
m_{PI} = Masse Meßprobe
M_{PI} = Aktivmenge PI
f_{PI} = Korrekturfaktor (Ausbeute, Meßtechnik, F l ß)

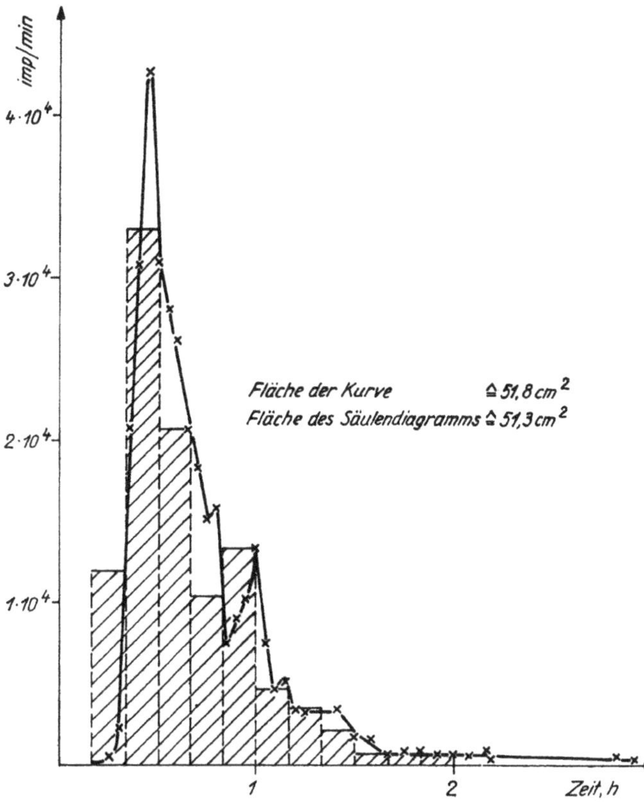

Abb. 3. Vergleich der über Sondenmessung kontinuierlich und über Probemessung diskontinuierlich gewonnenen Aktivitätsverteilungen (^{64}Cu-Verteilung im kontinuierlichen Schlackefluß)

$$M_x = \left(\frac{S_E}{S_x} - 1\right) \cdot M_E$$

$$\rightarrow M_x \gg M_E \; ; \; m_x = m_E$$

$$\rightarrow M_x = \frac{Z_E}{Z_x} \cdot M_E$$

Abb. 4. Prinzip der Mengenbestimmung mittels Isotopenverdünnungsanalyse

S_E = spezifische Aktivität von M_E
S_x = spezifische Aktivität von M_x
M_E = Masse Markierungsprobe
M_x = zu bestimmende Materialmenge
m_x/m_E = Meßaliquotmengen

Aktivitätsbestimmungen auf 1% rel. durchzuführen. Notwendige Voraussetzung ist die mögliche Beprobung aller Output-Ströme während des Versuchsablaufes. Bei diskontinuierlichen Prozessen (Schachtöfenabstriche, Konverterabgüsse) ist es erforderlich, wenigstens 7 Einzelproben zu entnehmen, wobei bei Schachtöfenprozessen 8 Abstichfolgen untersucht werden müssen. Die Zahl bei Einzelproben bei kontinuierlichem Schlackefluß ist weit höher. In Abb. 3 ist eine typische Schlackeverlaufskurve (Nuklid ^{64}Cu; kontinuierliche Messung des Vorherdauslaufs) und gleichzeitig die Bildung von Durchschnittsschlackeproben aus den Einzelproben dargestellt. Die Flächen unter der Kurve und unter dem Säulendiagramm und ihre Differenz sind ein Maß für die Genauigkeit der Methode. Wenn im diskontinuierlichen Betrieb eine Wägung nicht möglich ist (Konverter, Flammöfen, Gießkübel) oder die Schlackephase gesondert bestimmt werden soll, bietet sich die Isotopenverdünnungsanalyse (IVA) an. In Abb. 4 ist

Tab. 1. Schwarzkupfermengenbestimmung mittels Isotopenverdünnungsanalyse
(Schwarzkupfermarkierung mit aktivierten Cu-Scheiben; Vergleich über Wägung; Ge(Li)-Messung)

Proben-Nr.	$\bar{z}_x$	M_x, t	Ist Schwarzkupfer, t
Charge A			
1	731 ± 12	24,66	23,95
2	753 ± 12	23,94	
3	763 ± 12	23,63	
		$\bar{M}_x$ = 24,08	
		$\Delta\bar{M}_x$ = 0,58 = +2,4% rel.	
Charge B			
1	633 ± 11	27,2	28,57
2	581 ± 11	29,7	
3	601 ± 11	28,7	
		$\bar{M}_x$ = 28,53	
		$\Delta\bar{M}_x$ = 0,04 = −0,14% rel.	

das Berechnungsprinzip dargestellt. Typische Anwendungsfälle sind die Schlackenmengenbestimmungen mit ^{24}Na im Konverter beim Schwarzkupferverblasen, die Cu-Sumpfphasenmessung mit ^{64}Cu-Metall im Flammofen, die Bestimmung von Schmelzkübelinhalten (Rohsteinumschmelzofen, Einsatz von aktiviertem Rohstein) oder die Hg-Instandmessung des in der Chloralkali-Elektrolyse umlaufenden Quecksilbers (^{203}Hg-Metall) [5].

In Tab. 1 sind als Beispiel die gewogenen und über IVA bestimmten Schwarzkupfermengen gegenübergestellt. Die Markierung erfolgte mit aktivierten Cu-Scheiben. Die sehr gute Übereinstimmung zeigt die Leistungsfähigkeit der IVA, Mengenbestimmungen im Tonnenmaßstab zu ermöglichen.

3. Markierungsfehler und Anwendungsprobleme

Hauptsächliches Problem zum Erreichen einer repräsentativen und hinreichend genauen Aussage über das hüttentechnologische Verhalten einzelner Komponenten z.B. bei den pyrometallurgischen Teilschritten der Kupfererzeugung ist neben der Massenbestimmung der anfallenden Verhüttungsprodukte (im Schachtofenbetrieb Rohstein, Schlacke, Flugstaub, Eisensau, Gichtgas) die Aktivitätsbilanz. Die aus dem Standardaliquot ermittelte Einsatzaktivität ist nur dann richtig, wenn die spezifische Aktivität von Standard und Markierungsbrikett gleich groß ist. Das ist aber bei den bei Aktivierungen auftretenden örtlichen Flußunterschieden, wie Flußverteilung im Bestrahlungskanal, Flußdepression in der Markierungsprobe und Abschattungseffekte durch äußere Neutronenabsorber nicht gegeben. Bei der Bestrahlung großvolumiger Objekte reicht die Mitbestrahlung eines Standardaliquots nicht aus. Die Kontrolle der Flußinhomogenitäten über die Mitbestrahlung geeigneter Monitore ist eine unbedingt notwendige Voraussetzung für eine hinreichend genaue Aktivitätsbilanz. In Abb. 5 ist die Flußverteilung in mit Kupfererz gefüllten B-Kanal-Bestrahlungskapseln dargestellt.

Als Monitore wurden Cu-Drähte benutzt, da es nicht darauf ankommt, die absoluten Flüsse, sondern die spezi-

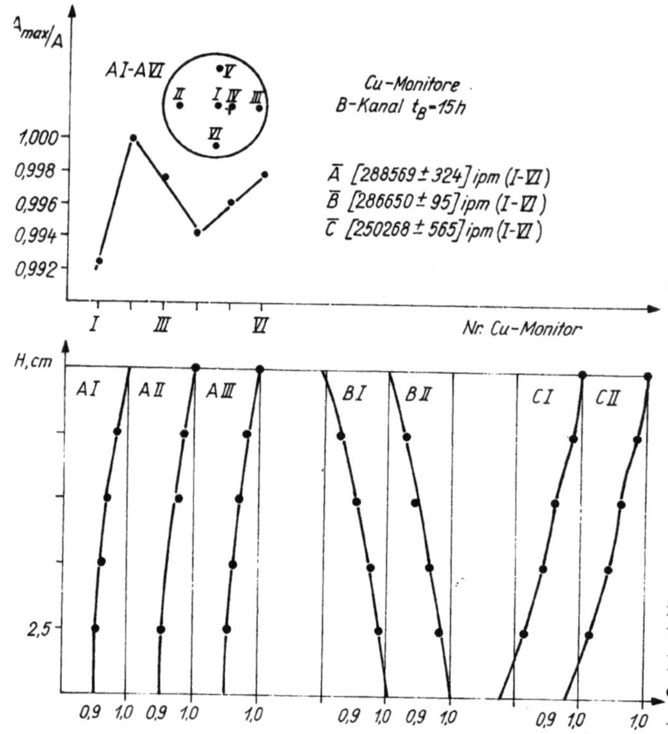

Abb. 5. Ermittlung der relativen Flußverteilung in B-Kanal-Kapseln (Kapsel mit Cu-Erz gefüllt, Verwendung von Cu-Draht als Flußmonitor)

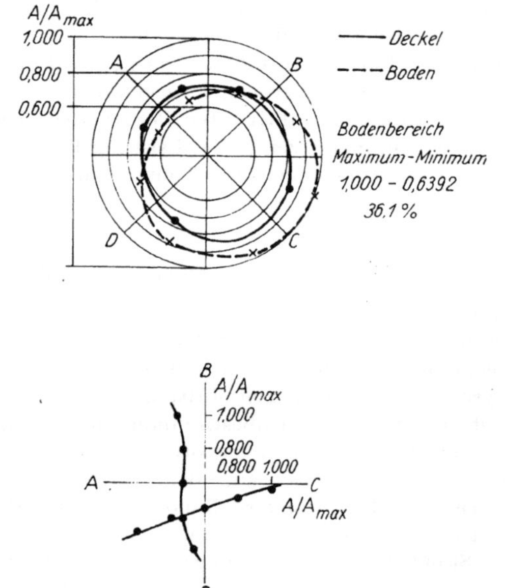

Abb. 6. Bestimmung der relativen Flußverteilung in einer A-Kanal-Bestrahlungskapsel über die ^{59}Fe-Verteilung einer brikettierten Erzprobe
Bestrahlungszeit 96 h, $\Phi_{th} = 1{,}8 \cdot 10^{13}$ n/cm² s)

fischen Cu-Aktivitäten zu bestimmen. Dehsalb wurde auch als Maß für den örtlichen Fluß der Quotient örtliche Aktivität A: maximale Aktivität A_{max}, bezogen auf die gleiche Masse gewählt. Im oberen Teil der Abbildung ist die radiale Verteilung der Monitore und des Flusses dargestellt und im unteren Teil die recht inhomogene Lösungsverteilung mit Schwankungen bis 10% zwischen Deckel und Boden. In ähnlicher Weise ist in Abb. 6 die radiale Flußverteilung

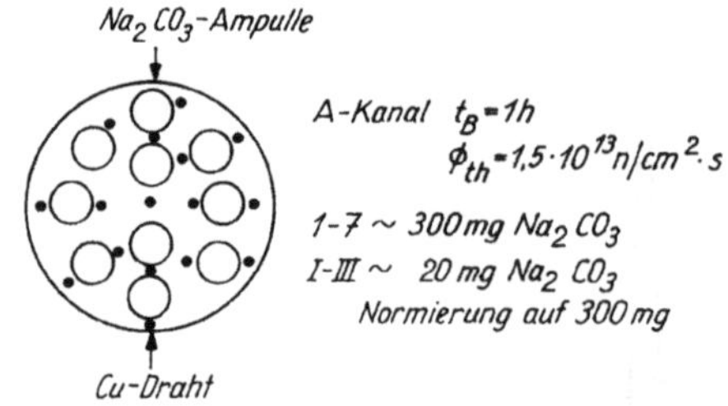

Abb. 7. Korrektur der Schwankungen in der spezifischen Aktivität von bestrahltem Na_2CO_3 für die Schlackemengenmessung mittels Cu-Draht-Monitoren

Amp 1	1,000	1,000
Amp 2	0,981	1,002
Amp 3	0,964	0,995
Amp 4	0,946	0,992
Amp 5	0,944	1,005
Amp 6	0,944	0,998
Amp 7	0,951	0,994
St I	0,855	0,906
St II	0,849	0,891
St III	0,841	0,905

in einer großen A-Kanal-Bestrahlungskapsel über die [59]Fe Verteilung einer aktivierten Brikettprobe aufgenommen. Die Aktivitätsmessungen des Briketts und der Fe-Monitore erfolgten gammaspektrometrisch. Im oberen Teil der Abbildung ist die laterale Flußdichteschwankung (A/A_{max}-Werte) im Boden- und Deckelbereich (Durchmesser 5 $_{max}$) und im unteren Teil die Diagonalverteilung im Deckelbereich aufgenommen. Auch hier ist die stark unsymmetrische Verteilung charakteristisch bei maximalen Differenzen von 36,1%.

Im Prinzip die gleichen Probleme ergeben sich bei der Mengenbestimmung mittels IVA.

Schlackenmengenmessungen sind über die Isotopenverdünnungsanalyse von [24]Na (Zugabe als Na_2CO_3 in Quarzsandbehältern) möglich. Aus technischen und ökonomischen Gründen ist es zweckmäßig, in einer Bestrahlungskapsel eine größere Anzahl Karbonatampullen zu aktivieren und die Einsatzaktivitäten über die Messung von Standardampullen zu berechnen. Das ergibt wegen der Flußinhomogenitäten Fehler von 6–30%. Erst eine Korrektur über mitbestrahlte Cu-Monitore ermöglicht die Berechnung der spezifischen [24]Na Aktivität auf besser als 1%. Ein solches Beispiel ist in Abb. 7 zusammengestellt. Ein weiteres Beispiel für die Notwendigkeit der Korrektur

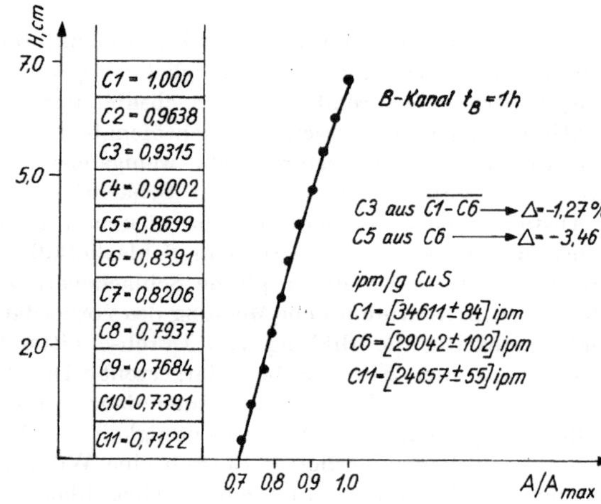

Abb. 8. Veränderungen der spezifischen ^{64}Cu-Aktivität aktivierter CuS-Tabletten als Funktion der Bestrahlungskapselhöhe

von Flußschwankungen ist in Abb. 8 zu finden. Zur Mengenbestimmung von ungeschmolzenem Rohstein ist die Kübelmarkierung mittels aktivierter Rohsteintabletten möglich. Durch Einlegen von Kupferfolienmonitoren zwischen die Tabletten lassen sich die erheblichen Flußdepressionen von fast 30% in der Kapsel erfassen und korrigieren.

Wie die Beispiele zeigen, sind die auftretenden Flußschwankungen bei Aktivierungen großvolumigen Materials erheblich, nicht vorausberechenbar und durch Mitbestrahlung eines einfachen Standards nicht erfaßbar. Erst durch Mitbestrahlen eines geeigneten Systems von Monitoren ist dieser Einfluß auf die für Stoffverteilungsbilanzen erforderlichen Genauigkeiten korrigierbar.

4. Zusammenfassung

Die Ermittlung von Materialbilanzen in Anlagen der stoffwandelnden Industrie gehört zu den am schwierigsten zu realisierenden tracertechnischen Anwendungsfällen. Neben den Anforderungen an eine system- und chemisch-isotope Markierungstechnik, eine entsprechende Probennahme-, Aufbereitungs- und Meßtechnik sind es vor allem Fragen der Reproduzierbarkeit und Genauigkeit bei der Markierung mittels Aktivierungstechnik und der Bestimmung der Aktivitätsbilanz. Nur durch die Korrektur auftretender Flußschwankungen mittels Bestrahlung geeignet ausgewählter und in der Bestrahlungskapsel angeordneter Monitore ist man in der Lage, Materialbilanzen und -verteilungen in der für die Betriebsabrechnung erforderlichen Genauigkeit zu ermitteln.

Mein Dank gilt Herrn Prof. Dr. habil. *H. Koch* für sein förderndes Interesse an dieser Arbeit.

Besonders bedanken möchte ich mich auch bei Frl. Chem.-Ing. *P. Fiedler*, Frau *G. Bornmann*, Frau *J. Fröhlich* und Herrn Chem.-Ing. *Deicke* für die umfangreiche Mitwirkung bei den Experimenten.

Eingegangen am 7. 7. 1980

Literatur

[1] *E. Broda, Th. Schönfeld*, „Die technischen Anwendungen der Radioaktivität", Bd. 1. VEB Deutscher Verlag für Grundstoffindustrie, 3. Auflage, Leipzig 1962, S. 181–187

[2] *J. Flachowsky*, „Probleme und Anwendungsgrenzen radionuklidtraceranalytischer Verfahren bei der komplexen Metallbilanzierung im Bereich der Cu-Erz-Verhüttung". RGW-Symposium über die Anwendung von Radioisotopenmethoden in der Industrie, 26.–29. Sept. Leipzig, Bd. 4, 62

[3] Nuclear Techniques in the Basic Metal Industries. IAEA, Vienna, 1973 SII/PUB/314

[4] *J. Michalik, J. Kominek, Z. Bazaniak, M. Radwan*, Isotopenpraxis 7 (1971) 132

[5] *J. Flachowsky, M. Geißler, G. Pfrepper*, Forschungsbericht Quecksilber-Instandmessung Buna-Werke Schkopau 1969, unveröffentlicht

Radionuklid-Identifizierung in Industrieanlagen unter Produktionsbedingungen mit Hilfe der Absorbermethode

J. W. Leonhardt, R. Otto, P. Hecht, H. Ulrich

(Zentralinstitut für Isotopen- und Strahlenforschung der AdW der DDR, Leipzig)[1])

Herrn Prof. Dr. phil. habil. *C. F. Weiss* zum 80. Geburtstag gewidmet

Markierungsexperimente zur Prozeßanalyse in Brikettfabriken haben sich als besonders effektiv erwiesen, wenn verschiedene Rohkohlesorten mit verschiedenen Radionukliden selektiv markiert werden. Die Konzentration der verschiedenen Rohkohlesorten entspricht den Nuklidkonzentrationen in den erzeugten Briketts.
Es wurde eine Absorbermethode entwickelt, nach der die Nuklidkonzentrationen direkt am Erzeugungsort der Briketts (Brikettpresse) bestimmt werden können. Der Vergleich mit der energiedispersiven Gamma-Spektrometrie zeigt gute Übereinstimmung.

Keywords

briquettes; bromine 82; brown coal; gamma spectroscopy; industrial plants; radiometric sorting; tracer techniques

1. Einleitung

Markierungsexperimente zur Prozeßanalyse in Brikettfabriken der Kohleindustrie haben sich als besonders effektiv erwiesen, wenn verschiedene Rohbraunkohlesorten mit verschiedenen Radionukliden markiert werden. Unter den Bedingungen produzierender Industrieanlagen werden jedoch an die Zuverlässigkeit von Meßsystemen zur Radionuklid-Identifizierung hohe Anforderungen gestellt [1]. Da Staub und hohe Temperaturen einer Brikettfabrik den Einsatz komplizierter Technik nicht wünschenswert erscheinen lassen, wurde zur Identifizierung und quantitativen Erfassung der für die Markierung von Rohbraunkohle verwendeten Radionuklide ^{82}Br, ^{24}Na und ^{198}Au im Brikett die Absorbermethode angewandt.

2. Meß- und Auswertemethoden

In Abb. 1 ist die Meßanordnung schematisch dargestellt. Drei parallele Detektoren registrierten die Aktivität der Briketts. Detektor 1 erfaßte die totale Zählrate, da für diesen Fall die Bedingung $x_1 = 0$ galt. Den Detektoren 2 und 3 waren Pb-Absorber der Dicken x_2 und x_3 vorgeschaltet. Die Zählraten der 3 Sonden $Z(1)$, $Z(2)$, $Z(3)$ wurden mit Hilfe einer Zentraleinheit erfaßt und registriert.

Die Zählraten der 3 im Gemisch befindlichen Nuklide, Z_1, Z_2, Z_3, die den Anteilen markierter Rohbraunkohlesorten

[1]) Anschrift: 7050 Leipzig, Permoserstraße 15

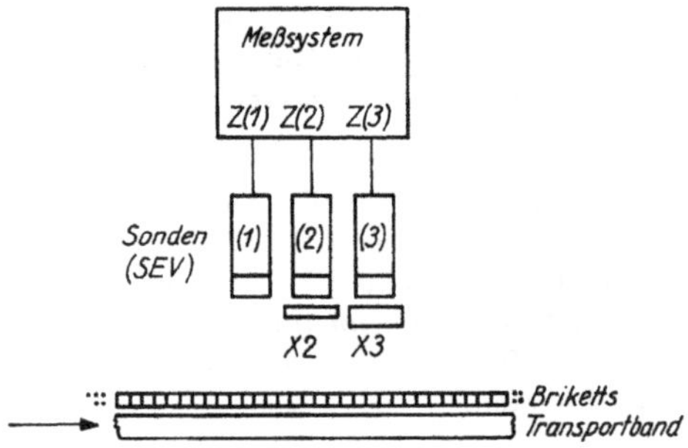

Abb. 1. Meßsystem

im produzierten Brikett proportional sind, ergeben sich als Lösungen des folgenden Systems linearer Gleichungen:

$$Z_1 + Z_2 + Z_3 - Z(1) = 0 \quad (1)$$
$$Z_1 \exp[-\mu_1 x_2] + Z_2 \exp[-\mu_2 x_2] + Z_3 \exp[-\mu_3 x_2] - Z(2) = 0$$
$$Z_1 \exp[-\mu_1 x_3] + Z_2 \exp[-\mu_2 x_3] + Z_3 \exp[-\mu_3 x_3] - Z(3) = 0$$

μ_i sind die energieabhängigen Absorptionskoeffizienten für γ-Strahlung in den Pb-Absorbern.

3. Meßergebnisse und Diskussion

Für das Beispiel des 3-Nuklidgemisches ^{82}Br, ^{24}Na und ^{198}Au wurde (1) vereinfacht, indem allgemeine Koeffizienten der Art

$$a_{ij} = \exp[-\mu_j x_i]$$

eingeführt wurden. Die gewünschten Lösungen ergeben sich dann wie folgt:

$$Z_1 = \frac{D_1}{D}; \quad Z_2 = \frac{D_2}{D}; \quad Z_3 = \frac{D_3}{D} \quad (2)$$

und schließlich mit aufgelösten Determinanten

$$D_1 = (a_{22}a_{33} - a_{23}a_{32})Z(1) + (a_{32} - a_{33})Z(2) + (a_{23} - a_{22})Z(3)$$
$$D_2 = (a_{23}a_{31} - a_{21}a_{33})Z(1) + (a_{33} - a_{31})Z(2) + (a_{21} - a_{23})Z(3) \quad (3)$$
$$D_3 = (a_{21}a_{32} - a_{31}a_{22})Z(1) + (a_{31} - a_{32})Z(2) + (a_{22} - a_{21})Z(3)$$

Die Bestimmung der Koeffizienten a_{ij} wurde unter Laborbedingungen versucht. Da durch Abweichungen der Modellsubstanzen von den realen Bedingungen relativ große Fehler für die Bestimmung der Koeffizienten a_{ij} bewirkt wurden, die bei 30–40% lagen, konnten die Zählraten Z_1, Z_2 und Z_3 infolge des Fehlerfortpflanzungsgesetzes nicht mehr mit hinreichender Genauigkeit quantitativ bestimmt werden. Deshalb wurden die Werte für a_{ij} den Meßwerten des Experimentes entnommen. Das war möglich, da die Markierung der Rohkohlesorten in Form aufeinanderfolgender Rechteckimpulse erfolgte. Damit wurde es möglich, daß jedes der 3 verwendeten Radionuklide für eine hinreichend lange Zeit den Hauptbeitrag zum integralen Meßwert ($Z(1)$, $Z(2)$, $Z(3)$ der jeweiligen Detektorsonde lieferte. Somit konnten die Koeffizienten aus folgenden Beziehungen berechnet werden:

$$a_{2j} = \left[\frac{Z(2)}{Z(1)}\right]_j; \quad a_{3j} = \left[\frac{Z(3)}{Z(1)}\right]_j \quad (4)$$

Alle Werte für a_{1j} sind gleich 1, da $x_1 = 0$ durch das Meßregime vorgegeben ist. So genügt es, wie in Abb. 2 gezeigt, die Verhältnisse $\frac{Z(2)}{Z(1)}$ und $\frac{Z(3)}{Z(1)}$ gegen die Meßzeit aufzutragen, um a_{21}, a_{22}, $a_{23}a_{31}$, a_{32}, a_{33} aus den zur Abszisse parallelen Abschnitten der Kurve bestimmen zu können.

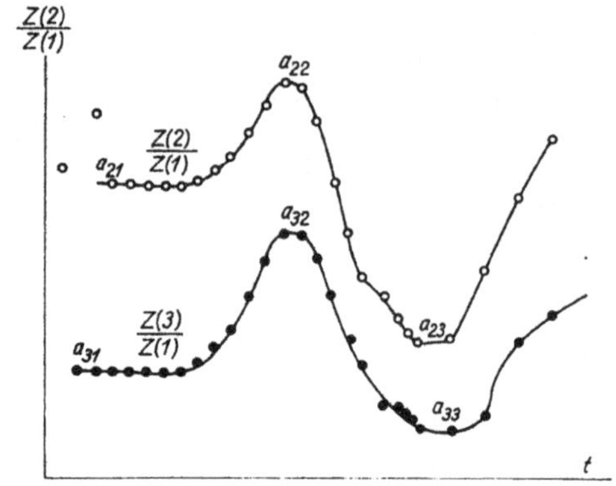

Abb. 2. Bestimmung der Koeffizienten a_{ij} aus experimentellen Daten

Für die gegebene Geometrie der Messung ergaben sich im allgemeinen:

	$j = 1$	$j = 2$	$j = 3$
a_{2j}	0,445	0,600	0,210
a_{3j}	0,160	0,375	0,075

Werden diese Werte in (3) eingesetzt und beachtet, daß Z_2 als Differenz aus

$$Z(1) - (Z_1 + Z_3) = Z_2$$

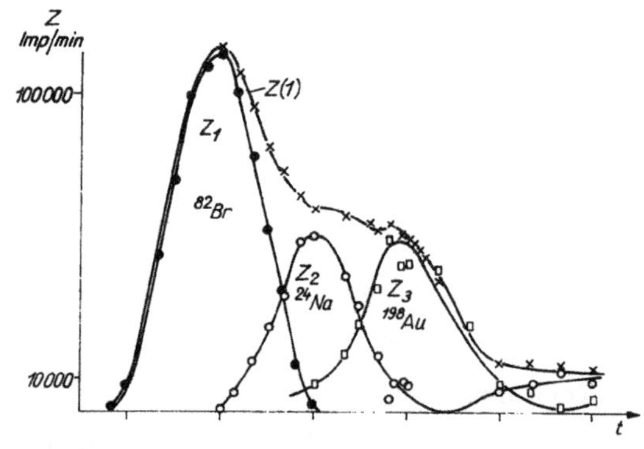

Abb. 3. ^{82}Br, ^{24}Na und ^{198}Au-Aktivitätspeaks nach der Absorptionsmethode

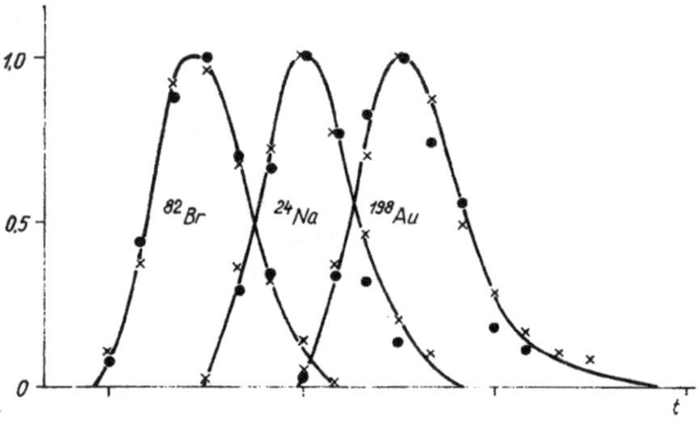

Abb. 4. Normierte Aktivitätspeaks
o – Absorptionsmessungen; x – Vielkanalanalysatormessungen

berechnet werden kann, ergibt sich die in Abb. 3 dargestellte Situation. Der integrale Kurvenzug ist die Meßwertserie der Sonde 1, $Z(1)$. Er umhüllt die Aktivitätspeaks Z_1, Z_2 und Z_3. Die unterschiedlichen Peakhöhen resultieren aus unterschiedlichen Ansprechwahrscheinlichkeiten für verschiedene γ-Energien im Kristall der SEV-Sonden. Ein Wiederansteigen der ^{24}Na-Aktivität nach einer gewissen Zeit war die Folge von aktivem Kohlestaubantrieb in der Nähe des Meßsystems. Um den Verlauf der Kohlesortenkonzentration im Brikett aus Abb. 3 zu erhalten, ist die Normierung der Aktivitätspeaks zweckmäßig.

In Abb. 4 sind die normierten Meßwerte der Absorptionsmethode durch volle Kreise, die der parallel durchgeführten Kontrollmessungen im Labor durch Kreuze dargestellt.

Es wird deutlich, daß sich die Meßwerte für die Kohlekonzentration im ungünstigsten Fall um $\pm 15\%$ unterscheiden. Damit konnte gezeigt werden, daß es möglich ist, an einer produzierenden Anlage den Anteil verschiedener Rohbraunkohlesorten im Brikett mit Hilfe von Multinuklidmarkierung und der Anwendung der Absorbermethode mit ausreichender Genauigkeit zu messen.

Eingegangen am 25. 6. 1980

Literatur

[1] *J. W. Leonhardt, H. G. Könnecke, M. Lehmann, M. König,* in: Tagungsbericht „RGW-Symposium zur Anwendung von Radioisotopenmethoden in der Industrie“, Sept. 1978, Leipzig, Bd. 4, S. 222–232

Aktivierungsanalytische Prozeßkontrolle der Katalysatorkonzentration bei der Flüssigkeitsphasenoxydation aliphatischer und aromatischer Kohlenwasserstoffe*)

E. Maul[1]), *Pham Nhien*[1]), *J. Koch*[2])

([1]) Zentralinstitut für Isotopen- und Strahlenforschung der AdW der DDR, Leipzig; [2]) VEB Petrolchemisches Kombinat Schwedt)

Herrn Prof. Dr. phil. habil. *C. F. Weiss* zum 80. Geburtstag gewidmet

Es wird eine Methode zur Bestimmung der Katalysatorkonzentration in Prozessen der Flüssigphasenoxydation beschrieben, die auf der Kernreaktion $^{55}Mn(n,\gamma)^{56}Mn$ basiert. Die Aktivierung erfolgt mit einer $^{238}Pu/Be$-Neutronenquelle, und die Messung wird mit einem NaJ(Tl)-Detektor in Verbindung mit einem Einkanalanalysator durchgeführt.

Keywords

activation analysis; catalysts; hydrocarbons; industrial plants; neutron sources; oxidation; plutonium 238; process control

Einleitung

Chemische Prozesse werden verbreitet aufgrund physikalischer Zustandsgrößen (z.B. Temperatur, Druck) oder summarischer Stoffgrößen (z.B. *p*H-Wert, Strahlungsabsorption, Dampfdruck) gesteuert bzw. geregelt, weniger nach spezifisch stofflichen Größen wie der Konzentration von charakteristischen, die Qualität des Produktes entscheidenden Schlüsselkomponenten. Mit der zunehmenden Kompliziertheit chemischer Prozesse und den steigenden Anforderungen bezüglich Wirtschaftlichkeit, abnehmender Toleranzgrenzen von Fremdstoffen in einem gewünschten Endprodukt, minimalen Einsatzes von Rohstoffen usw. steigen die Anforderungen an die Prozeßführung. Mehr und mehr müssen deshalb moderne Methoden der Analytik zur Prozeßregelung herangezogen werden, und je näher man dem Zustand der Teil- oder Vollautomation kommen will, um so schärfer werden die Bedingungen in bezug auf Zuverlässigkeit, Schnelligkeit und Richtigkeit der analytischen Informationen, welche Basis der Automation in der chemischen Industrie sind.

Die Aktivierungsanalyse als nuklidspezifisches Analysenverfahren ist bis heute im wesentlichen eine Methode wissenschaftlicher Speziallaboratorien. Diese Verbreitungseinschränkung steht im krassen Widerspruch zu den Leistungsdaten dieser Methode. Dennoch ist es bisher nur zu wenigen Anwendungen im Bereich der industriellen Produktion gekommen, die in keinem Verhältnis zu der breiten Anwendungspalette dieser Analysenmethode stehen.

Neben Problemen spezieller Art im Einzelfall liegt der Grund für die Anwendungseinschränkung besonders an dem Aufwand an Neutronenquellen, die die notwendigen Kernreaktionen hervorrufen. Für die Anwendung der Aktivierungsanalyse in der Industriepraxis bzw. in der „rauhen“ Umgebung einer großtechnischen Anlage ist die Aktivierung mittels Isotopenneutronenquellen die aussichtsreichste Variante, sofern die gesuchten Elementgehalte nicht zu niedrig oder deren Aktivierungsquerschnitte ausreichend hoch sind.

In der industriellen Praxis werden vorwiegend die Elemente Silizium [1–4] und Aluminium [3–5] in Erzen, Bauxit und Formsand, Calcium in Rohzement- und Betonmischungen [6, 7], Fluor in Flußspatschlämmen [8, 9] und Vanadium in Rohöl [10–12] in weitgehend automatisierten Anlagen bestimmt.

In der vorliegenden Arbeit wurden die Möglichkeiten einer aktivierungsanalytischen Bestimmung von Katalysatorkonzentrationen mit dem Ziel einer automatischen Prozeßkontrolle untersucht. Die zahlreichen Vorteile der

*) Vortrag, vorgelegt auf der 2. Internat. Tagung „Nukleare Analysenverfahren“ 19. bis 23. 3. 1979, Dresden (DDR)

[1]) Anschriften: 7050 Leipzig, Permoserstr. 15; [2]) 1330 Schwedt (Oder)

aktivierungsanalytischen Meßmethoden bieten diese für einen derartigen Einsatz an:

- von chemischen Bindungen unabhängige Analysenmethode
- hohe Empfindlichkeit
- gute Repräsentativität durch den Einsatz großer Probenmengen
- zerstörungsfreie Analyse
- geringer Zeitaufwand
- Möglichkeit der Automatisierung im Bereich der Analyse und in der Nutzung des Ergebnisses.

Experimentelles

Neben anderen Parametern ist für die Qualität der Endprodukte bei der Flüssigphasenoxydation aliphatischer und aromatischer Kohlenwasserstoffe (z. B. Essigsäure, Terephthalsäure, Benzoesäure u. a.) die Katalysatorkonzentration im Produktionsprozeß entscheidend. Die Oxydation z. B. des p-Xylols zu Terephthalsäure erfolgt kontinuierlich in Essigsäure als Lösungsmittel unter Zusatz von Katalysatoren (Kobalt- und Manganacetate, Bromverbindungen) unter Druck bei Temperaturen oberhalb von 200 °C im Blasensäulenreaktor. Das Eingangsgemisch wird kontinuierlich über Hochdruckpumpen dem Oxydationsreaktor zugeführt. Dabei ist es technologisch in der Regel nicht möglich, eine definierte Menge Kontakt zu dosieren, da neben Frischkontakt eine Rückführung durch Kreislauffahrweise angestrebt wird. Bei einer teilweisen Katalysatorrückführung treten erhöhte Mengen an 3- und 4wertigen Ionen auf, die mit herkömmlichen chemischen Methoden, wie komplexometrische Titration, nicht erfaßt werden können.

Eine schnelle und exakte analytische Kontrolle ist also eine Voraussetzung zur Einhaltung optimaler technologischer Parameter im Produktionsprozeß.

Für die zu bestimmenden Elemente Mangan und Kobalt ist der Neutronenfluß einer radioaktiven Neutronenquelle ausreichend, um sie so zu aktivieren, daß deren aktivierungsanalytische Bestimmung möglich wird. In Tab. 1 sind die aktivierungsanalytisch interessierenden Daten von Mangan und Kobalt zusammengefaßt.

Da die Kobalt- und Manganacetate in einem festen Verhältnis im Eingangsgemisch vorliegen, ist es nicht notwendig, beide Bestandteile zu bestimmen. Eine Kobalt-Bestimmung ist ohnehin nicht so ohne weiteres durchführbar. Eine ausreichende Bildung von ^{60}Co ist durch die lange Halbwertszeit in der geforderten Analysenzeit nicht möglich.

Obwohl der Anteil der Gammastrahlung für die 59-keV-Strahlung des ^{60m}Co 99,75% beträgt, wird deren Messung durch den hohen *Compton*-Untergrund des ^{56}Mn erschwert, da das Verhältnis von Meßstrahlung zu Untergrund in diesem Gebiet ungünstiger ist als für ^{56}Mn bei 847 keV. Eine Messung der ebenfalls auftretenden 1,332-MeV-Strahlung ist nicht möglich, da ihr Anteil an der Gesamtstrahlung nur 0,24% beträgt.

Für die aktivierungsanalytische Bestimmung der Kontaktkonzentration wird die Reaktion ^{55}Mn(n,γ)^{56}Mn genutzt.

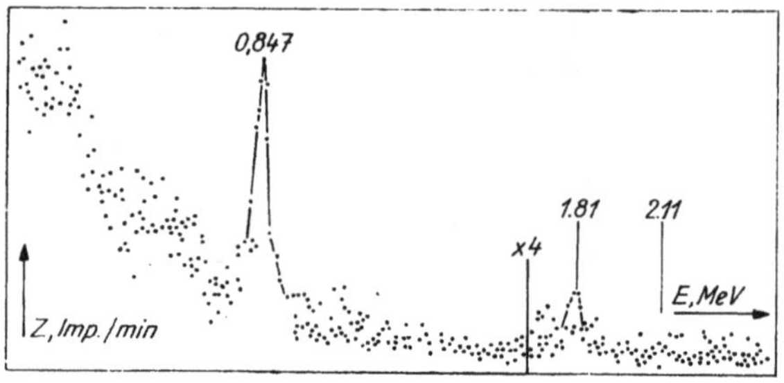

Abb. 1. Gammaspektrum der Eingangsgemischprobe

Das Gammaspektrum (Abb. 1) wurde mit einem Vielkanalanalysator aufgenommen, um die Spektrenform und funktionelle Abhängigkeiten bei den geringen Zählraten exakt erfassen zu können.

Die Aktivierung der Meßprobe erfolgt mit einer ^{238}Pu/Be-Neutronenquelle mit einer Quellstärke von $5 \cdot 10^7$ n/s. Die Messung der 847-keV-γ-Strahlung der aktivierten Probe wird mit einem NaJ(Tl)-Detektor mit einer effektiven Abmessung von 40 mm ∅ × 40 mm in Verbindung mit einem Einkanalmeßgerät durchgeführt. Da sich in der Probe keinerlei störende Komponenten im interessierenden Energiebereich befinden, ist es möglich, die Einkanalmessung als Diskriminatormessung auszuführen.

Aufgrund der hohen Durchdringungsfähigkeit sowohl der Neutronen bei der Aktivierung als auch der Gammastrahlung bei der Messung ermöglicht die Aktivierungsanalyse die analytische Erfassung größerer Probenmengen.

Bei den zu erwartenden geringen Konzentrationen ist es sogar notwendig, große Probenvolumina mit einer optimalen Bestrahlungs- und Meßgeometrie einzusetzen, um möglichst hohe Zählraten mit den daraus resultierenden geringen statistischen Fehlern zu erhalten. Für einen Konzentrationsbereich von 0,01 bis 1% beträgt das Probenvolumen 1 l.

Ergebnisse und Diskussion

Bei der Entwicklung des Verfahrens wurden die Möglichkeiten einer kontinuierlichen Analyse und auftretende Fehlerquellen betrachtet. Die Untersuchungen zur Zählstatistik und des Analysenzeitregimes, zu Probeninhomogenitäten, Matrixeffekten und elektronischen Instabilitäten ergaben, daß der weitaus größte Fehlereinfluß aus der Zählstatistik herrührt. Für eine Gesamtanalysendauer

Tab. 1. Radionuklide, Gammaenergien und Halbwertszeiten der zu bestimmenden Elemente Co und Mn (σ_{th} = Wirkungsquerschnitt in barn für (n,γ)-Reaktionen mit thermischen Neutronen)

Element	Isotopenhäufigkeit	σ_{th}	entstehendes Radionuklid	$T_{1/2}$	Gammaenergie MeV
^{59}Co	100	16	^{60m}Co	10,5 min	0,059 1,332
^{59}Co	100	20	^{60}Co	5,3 a	1,173 1,132
^{55}Mn	100	13,3	^{56}Mn	2,56 h	0,847

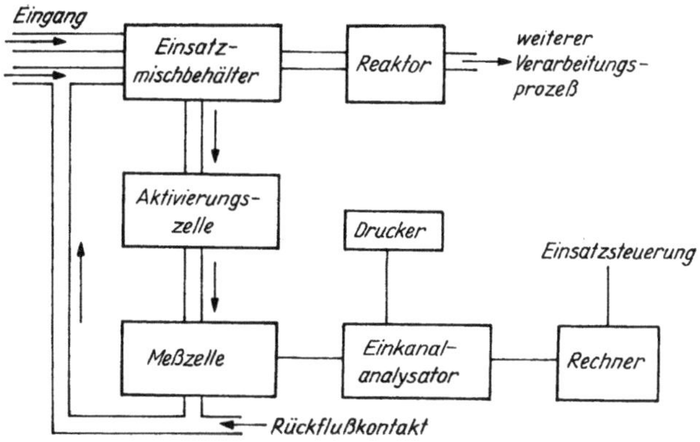

Abb. 2. Blockschema der Analysenanordnung

von einer Stunde ist mit einem relativen Fehler von 6% zu rechnen. Dem entspricht bei einem mittleren Mn-Gehalt von 0,03% eine Standardabweichung von 0,002%. Fragen der elektronischen Stabilität sind an zweiter Stelle zu nennen, aber durch regelmäßige Nacheichung beherrschbar bzw. durch eine elektronische Stabilisierung ganz auszuschalten.

Die diskontinuierlich arbeitende Analysenordnung besteht aus der Aktivierungszelle mit der ^{238}Pu/Be-Neutronenquelle und der Meßzelle mit NaJ(Tl)-Detektor, die mit einer Bleiabschirmung versehen ist (Abb. 2). Während die Meßgeräte für die kernphysikalische Analytik kommerziell angeboten werden, wurden diese methodenspezifischen Zusatzeinrichtungen selbst entwickelt und gebaut. Die Ergebnisse werden digital angezeigt bzw. ausgedruckt, und über einen Prozeßrechner wird die Steuerung der Zugabe von Frischkontakt bzw. Rückflußkontakt am Eingangsmischbehälter der Anlage realisiert.

Die Integration in den Pumpenkreislauf des Ansetzbehälters ist technisch unproblematisch. Durch die Rückführung der Probe in den Ansetzbehälter wird die erforderliche Abklingzeit erreicht.

Eingegangen am 25. 6. 1980

Literatur

[1] *K. R. Blake, J. B. Ashe, P. F. Berry, M. B. Nelson,* Isotopes and Radiation Technology **2** (1971) 167
[2] *D. G. Campbell, P. D. Farm, C. V. Gladysz,* CIM Bulletin **1974**
[3] *J. Kuusi,* Isotopes and Radiation Technology **1** (1971) 48
[4] *F. Dugain, J. Tartar,* Anal. Geologici Publici Hungarici, V. LIV, Fasc. 3, 375
[5] *H. Braun, W. Hartung, F. Riffel,* Aufbereit. Tech. **6** (1976) 305
[6] *M. C. Taylor, J. R. Rhodes,* Instr. Technol. **21** (1974) 32
[7] *F. A. Iddings, A. Arman, L. W. Miller, E. J. Landry, J. C. Courtney,* National Topical Meeting Austin, Texas 1972, Conf. – 720902 (1975) 176
[8] *A. S. M. De Jesus, G. W. J. Vanderburg,* Atomic Energy Board, Paulindaba, Pretoria (South Africa) PEL-236 (1974)
[9] *H. Braun, F. Riffel,* J. Radioanal. Chem. **38** (1977) 125
[10] *J. M. Orange, J. G. Larson,* Anal. Instr. **13** (1975) 87
[11] *H. Braun,* Chem. Ing. Techn. **21** (1975) 903
[12] *H. Meier, G. Zeitler, P. Menge,* J. Radioanal. Chem. **38** (1977) 267

Tracertechnische Untersuchungen zur Bestimmung der Mischzonenlänge in Pipelines

P. Hecht, R. Otto

(Zentralinstitut für Isotopen- und Strahlenforschung der Akademie der Wissenschaften der DDR)[1])

G. Kühn

(VEB Mineralölverbundleitung Schwedt, Hauptabteilung Forschung und Entwicklung)[2])

Herrn Prof. Dr. phil. habil. *C. F. Weiss* zum 80. Geburtstag gewidmet

Mit Hilfe der Radiotracermethode wurde das Durchlaufzeitverhalten und die Vergrößerung von Mischzonen, die bei Sortenumschaltungen zwischen unmittelbar aufeinanderfolgenden unterschiedlichen Erdölsorten auftreten, entlang einer längeren Erdölleitung untersucht. Zur Markierung diente ^{82}Br in Form von Brombenzol. Für jeweils längere Streckenabschnitte wurde die Durchlaufzeitkurve der Aktivitätskonzentration ermittelt. Bei den Untersuchungen wurden größere Mischzonenvolumina gefunden, als sie sich nach üblichen Berechnungsmethoden ergeben; andererseits liegen die gefundenen Werte noch unter den aus Dichtebestimmungen erhaltenen Mischzonenvolumina.

Keywords

bromine 82; mixing; petroleum; pipelines; tracer techniques

1. Aufgabenstellung und Methodisches

Die Ausdehnung der Mischzone, die sich zwischen zwei unmittelbar nacheinander durch eine Rohrleitung gepumpten Ölsorten ausbildet, kann durch Stoßmarkierung der Trennschicht mit einer öllöslichen radioaktiven Substanz bestimmt werden [1].

Die Ausbreitung des Radionuklids erfolgt von der Trennschicht aus in die angrenzenden reinen Produkte, sie verdeutlicht deren gegenseitige Vermischung und kann durch Aktivitätsmessungen ermittelt werden. Man mißt die Aktivitätsverteilung der Tracerwolke als Funktion der Zeit an interessierenden Punkten der Leitung. Verwendet man Radionuklide genügend hoher Gammaenergie, so kann die Messung durch an der Außenwand der Rohrleitung angebrachte Strahlungsdetektoren direkt erfolgen. Bei turbulenter Strömung ist die Verteilungskurve nahezu symmetrisch, sie ist dann durch eine *Gauß*funktion beschreibbar und folgt dem Gesetz

$$a = \frac{A}{\sqrt{t}} \exp\left(\frac{-x^2}{4kt}\right) \tag{1}$$

Anschriften: [1]) 7050 Leipzig, Permoserstr. 15; [2]) 7112 Gaschwitz, Rudolf-Breitscheid-Straße

[2,3]. a ist die zur Zeit t am Ort x vorliegende Aktivität, A die injizierte Aktivität ($t = 0$, $x = 0$) und k der Mischungskoeffizient. Für die Halbwertsbreite w gilt

$$w = \sqrt{4kt} \quad (2)$$

Welcher Bereich in der Praxis als Mischzone angesehen wird, hängt von der geforderten Reinheit p der angrenzenden Stoffe an den Enden dieser Zone ab. Dabei ist p die Konzentration des einen Stoffes, der durch einen Anteil $(1 - p)$ des anderen Stoffes verunreinigt ist. Der zur Halbwertsbreite gehörende Aktivitätswert der Aktivität-Zeit-Kurve entspricht einer Konzentration $p = 0,88$ in der Mischzone. Die Länge der Mischzone für $p = 0,88$ ergibt sich dann aus

$$M = w \cdot v \quad (3)$$

wenn v die mittlere Strömungsgeschwindigkeit des Mediums an der Meßstelle ist.

Die beschriebene Methode wurde zur Bestimmung des Mischzonenvolumens, das sich zwischen zwei nacheinander durch eine Pipeline geförderten Erdölsorten mit deutlich voneinander abweichender Dichte ausbildet, an einer mehr als 300 km langen Erdölleitung mit einer Haupt- und drei Zwischenpumpstationen angewendet. Als radioaktiven Tracer wählten wir Brom-82-Benzol. ^{82}Br ist ein β,γ-Strahler mit einer die Rohrwandung gut durchdringenden mittleren Quantenenergie von 0,8 MeV. Seine Verwendung ist wegen der Halbwertszeit von 35,6 Stunden auch aus Gründen des Strahlenschutzes günstig.

Eingesetzt wurden Aktivitäten von jeweils 750 MBq bei einer Strömungsgeschwindigkeit des durch die Leitung fließenden Mediums von ca. 5 km/s. Zur Messung der Ausbreitung des Radiotracers, die an den drei Zwischenpumpstationen jeweils vor und hinter den Pumpen und am Ende der Leitung erfolgte, dienten γ-Szintillationsmeßsonden vom Typ VA-S-50.

2. Diskussion der Ergebnisse

In allen bisher erschienen Arbeiten über Berechnung oder experimentelle Bestimmung der Größe von Mischzonen wird am Anfang der Rohrleitung zwischen den beiden aufeinanderfolgenden Durchflußstoffen eine ideale Trennfläche (senkrecht zur Rohrachse) vorausgesetzt, die sich im praktischen Pipelinebetrieb ohne Unterbrechung des Pumpbetriebes nicht erzielen läßt. In der Praxis verfährt man im allgemeinen so, daß der Schieber, durch den das 1. Produkt (meistens aus einem Tank) dem Anfangspunkt der Fernrohrleitung zuströmt, geschlossen wird, während sich der Schieber, durch den das 2. Produkt zufließt, öffnet. Dadurch entsteht während dieses Zeitraumes, der durch die Antriebe der beiden Schieber festgelegt ist, eine „Anfangsmischzone“, die sich danach in der Pipeline mit zunehmender Transportstrecke vorwiegend durch turbulente Diffusion vergrößert. Dies ist aus Abb. 1 ersichtlich. Bei dem dieser Darstellung zugrunde liegenden Versuch wurden Anfang und Ende der Anfangsmischzone radioaktiv markiert (1. bzw. 2. Einspritzung). Zum Vergleich sind in dieser Darstellung nach *Weyer* [3] berechnete Werte für das Mischzonenvolumen bei Annahme verschiedener Endkonzentrationen eingezeichnet worden, wobei die Existenz der Anfangsmischzone (am Anfangspunkt der Pipeline) in der Rechnung so berücksichtigt wurde, als ob diese in einem vorgesetzt gedachten Rohrleitungsabschnitt durch turbulente Diffusion entstanden wäre. Hierbei zeigt sich, daß das Berechnungsverfahren nach *Weyer* für die Grenzkonzentration $p = 0,88$ wesentlich kleinere Mischzonenvolumina liefert, als nach der Tracermethode gemessen wurde.

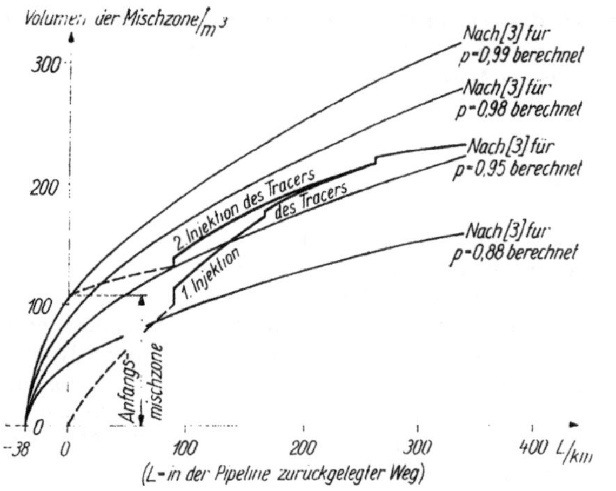

Abb. 1. Vergrößerung des Mischzonenvolumens mit der Leitungslänge (beim 1. Versuch gemessene Werte im Vergleich zu nach *Weyer* berechneten)

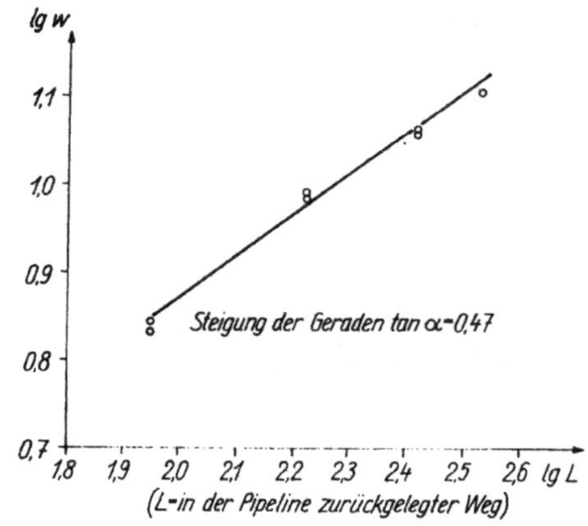

Abb. 2. Aktivitätsverteilungskurven in verschiedenen Entfernungen von der Injektionsstelle (für 2. Versuch)

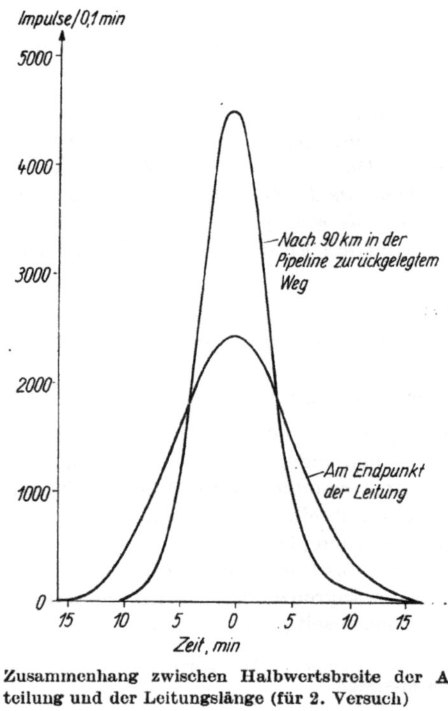

Abb. 3. Zusammenhang zwischen Halbwertsbreite der Aktivitätsverteilung und der Leitungslänge (für 2. Versuch)

Bei einem weiteren Versuch wurde statt Anfang und Ende der Anfangsmischzone ihre theoretische Mitte markiert. Abb. 2 zeigt die Verbreiterung der Aktivitätsverteilung in ca. 90 km Entfernung vom Anfangspunkt sowie am Endpunkt der Leitung. Trägt man die Halbwertsbreite der Verteilungen gegen die zurückgelegte Strecke in logarithmischen Koordinaten auf, so ergibt sich der in Abb. 3 gezeigte lineare Zusammenhang, für den bei konstanter Strömungsgeschwindigkeit der Produkte nach Gleichung (2) eine Steigung von 0,5 erwartet wird.

Gleichzeitig mit diesen Versuchen durchgeführte Dichtemessungen ergeben Mischzonenvolumina, die über den nach der Tracermethode ermittelten Volumina liegen, wie auch von *Hallaba, Azzam* und *Etman* [4] festgestellt wurde.

3. Schlußbemerkung

Die Anwendung der Radiotracermethode im Routinebetrieb zur Signalisierung notwendiger Umschaltoperationen am Endpunkt der Fernleitung beim Eintreffen der Mischzone bzw. des nachfolgenden andersartigen Produktes ist möglich, verlangt aber bei dem aus Strahlenschutzgründen empfehlenswerten Einsatz kurzlebiger Radionuklide einen gewissen erhöhten arbeitsorganisatorischen Aufwand. Für Testuntersuchungen in dieser Hinsicht ist die Methode sehr gut geeignet, sie liefert unter allen zur Verfügung stehenden Methoden die zuverlässigsten Ergebnisse.

Die Autoren danken Herrn Prof. Dr. rer. nat. habil. *H. Koch* für die Unterstützung dieser Arbeit.

Eingegangen am 7. 7. 1980

Literatur

[1] *D. E. Hull, J. W. Kent*, Ind. Engng. Chem. **44** (1952) 2745
[2] *G. Taylor*, Proc. Roy. Soc. **223A** (1954) 446
[3] *M. Weyer*, BWK **14** (1962) 267
[4] *E. Hallaba, R. Azzam, M. E. Etman*, India Technol. 8 (1970) 417

Informationen

DDR. Vom 13. bis 16. Mai 1980 fand in Berlin ein vom Amt für Standardisierung, Meßwesen und Warenprüfung (ASWM) beim Ministerrat der DDR unter Federführung der Fachabteilung Ionisierende Strahlung organisierter Internationaler Erfahrungsaustausch auf dem Gebiet der Messung ionisierender Strahlung statt, der der erste dieser Art im RGW-Bereich war. Mit 26 Vorträgen und zahlreichen Diskussionsbeiträgen waren über 50 Wissenschaftler — Vertreter metrologischer Staatsinstitute und anderer Institutionen mit metrologischer Aufgabenstellung aus 6 RGW-Mitgliedsländern sowie Vertreter der Hauptanwender ionisierender Strahlung aus der DDR — an dem Erfahrungsaustausch beteiligt.

Die Schwerpunkte dieser wissenschaftlichen Tagung lagen vor allem in der Darstellung des aktuellen Standes der metrologischesn Forschungsarbeiten und meßteehnischen Einrichtungen der Staatsinstitute und gleichartiger Institutionen sowohl unter wissenschaftlichen Aspekten als auch anwenderbezogen, der Diskussion grundsätzlicher Fragen der Metrologie ionisierender Strahlung und spezieller Probleme der Darstellung und Übertragung der Strahlungseinheiten sowie von Entwicklungstendenzen der metrologischen Basis zur Gewährleistung einheitlicher und richtiger Messungen in der Praxis. Eine wichtige Ausgangsgröße hierfür bildeten auch die vorgetragenen meßtechnischen Anforderungen der volkswirtschaftlichen Hauptanwenderbereiche auf diesem Gebiet, wie der Strahlentherapie, der Isotopenproduktion und des Strahlenschutzes, an die Metrologie unter Zugrundelegung der Strahlungsmessungen in den einzelnen Bereichen.

Angesichts der Vielfalt der Meßgebiete, Meßgrößen und -einheiten war von vornherein eine thematische Konzentration auf die beiden großen Meßgebiete, die Dosimetrie ionisierender Strahlung und die Aktivitätsmessung von Radionukliden, erfolgt. Die Themenkomplexe wurden in 5 Sektionen behandelt:

Sektion I: Metrologische Grundlagen der Dosimetrie ionisierender Strahlung
Sektion II: Probleme der metrologischen Sicherstellung richtiger Dosismessungen in der Praxis
Sektion III: Probleme der Einführung der SI-Einheiten und der Wahl der Strahlungsgrößen
Sektion IV: Metrologische Grundlagen der Aktivitätsmessung
Sektion V: Probleme der metrologischen Sicherstellung richtiger Aktivitätsmessungen.

Die Beiträge kamen aus der DDR (14), der UVR (4), der VRP (1), der SRR (1), der UdSSR (5) und der ČSSR (1).

Im Rahmen des Erfahrungsaustausches fanden 2 Rundtischgespräche zu den Themen „Probleme der Einführung des SI und zukünftige Bedeutung der Größe Exposition" und „Umfang und Inhalt der Bereitstellung radioaktiver Normalproben, einschließlich fester Quellen, zur Gewährleistung richtiger Aktivitätsmessungen in der Praxis" statt, an denen sich jeweils mehr als 30 Wissenschaftler beteiligten.

Eine Veröffentlichung der Mehrzahl der Vorträge und einer Zusammenfassung der beiden Rundtischgespräche ist in den nächsten Heften der Zeitschrift „Isotopenpraxis" vorgesehen.

EWG. Während der nächsten 12 Jahre sollen insgesamt 59670 t radioaktive Rückstände in konditionierter Form im Atlantik (ca. 480 km von Kap Vilano, Portugal, entfernt) unter Aufsicht der OECD versenkt werden. Bis Ende 1978 wurden 6930 Ci alphaaktive Rückstände und 435830 Ci beta- und gammaaktive Rückstände (50% davon waren tritiumhaltige Abfälle) versenkt.

UdSSR. In der von der Unionsvereinigung „Isotop" herausgegebenen Schriftenreihe „Isotope in der UdSSR" ist die Nummer 57 (1980) erschienen. Sie enthält folgende Beiträge:

Klassifizierung der Meßfehler von Radioisotopengeräten (*M. L. Goldin, F. W. Wirnik*);

Anwendung von elastisch gestreuter Alphastrahlung zur Bestimmung der Dichte von Gasen (*A. A. Wydrik, W. G. Mikuzki*);

Prospektierung von Zinnsulfiderzen mit einer röntgenradiometrischen Methode (*W. N. Powch, G. M. Iwanow*);

Kontrolle der Herstellung von Qualitäts-Ferrolegierungen unter Verwendung von ^{32}P (*W. I. Pogorely* u. a.);
Anwendung von ^{35}S zur Kontrolle der Auflösung von Mikro-Kondensationskeimen in Stahlguß (*N. P. Lipka* u. a.);
Untersuchung der strahlenthermischen Wirkung von Elektronen auf Stahl und Gußeisen (*E. S. Matschurin, G. M. Lontschin*);
Neue Montageverfahren für Radioisotopenneutralisatoren statischer Elektrizität (*W.-S. Padegimas, I. Waiwada*);
Radioisotopengeräte in einem Blei-Kombinat (*M. M. Nefedow, W. A. Schwab*);
Radioisotopengeräte in einem chemischen Werk (*W. W. Uljanow, R. Tursunchodschaew*).

UdSSR. Heft 7/1980 der Zeitschrift „Atomnaja energija" enthält u. a. folgende Beiträge:
Ökonomische Kriterien der Nutzung von Forschungsreaktoren für Zwecke der Werkstoffprüfung (*W. A. Zykanow* u. a.);
Messung von Spaltquerschnitten und des Verhältnisses der Spaltquerschnitte von ^{239}Pu und ^{235}U im Neutronenenergiebereich von 100 eV ... 50 keV (*A. A. Bergmann* u. a.);
Einige thermodynamische Charakteristika von Urannitrid UN_y (*J. F. Chromow, R. A. Ljutikow*);
Thermodynamische Analyse der Wechselwirkung von $UO_{2\pm x}$ mit Kohlenstoff (*J. F. Chromow, R. A. Ljutikow*);
Lebensdauer von paramagnetischen E_1-Zentren in Quarzen von Gesteinen (*E. M. Medwedjew*);
Strahlausführung aus einem Synchroton mit einem Zyklotron-Injektor (*M. J. Nowikow* u. a.);
Dosis-Charakteristika hochenergetischer Elektronen, Müonen und Photonen (*G. I. Britwitsch* u. a.);
Experimentelle Bestimmung der ^{137}Cs-Konzentration im Baltischen Meer in den Jahren 1977—1979 (*D. B. Styro* u. a.);
Hauptbestandteile des Strahlungsuntergrunds bei einem großen Szintillationsdetektor (*J. W. Siwinzew* u. a.);

Kurze Originalmitteilungen:
Nachweis und Identifizierung der Spuren von Produkten der spontanen Spaltung von Kernen überschwerer Elemente in natürlichen Mineralen (*Ch. Murtasajew, W. P. Perelygin*);
Zur Berechnung des Gegenstroms in einem Massendiffusionselement (*W. A. Kaminsko* u. a.);
Experimentelle Untersuchung des Isotopentrennprozesses in asymmetrischen Massendiffusionskaskaden (*W. A. Kaminski* u. a.);
Abschirmung von Aktivierungsdetektoren mit Gadolinium (*W. I. Kulikow* u. a.);
Verringerung der Winkelaufspaltung des inneren Elektronenbündels in einem Synchrotron (*S. N. Esina, B. N. Kalinin*).

Saudi-Arabien. Als vorrangige Aufgaben der vor kurzem gebildeten saudiarabischen Atomenergiekommission wurden die Errichtung eines Kernforschungszentrums und die Ausarbeitung eines Projekts für eine Wasserentsalzungsanlage auf der Basis von Kernenergie genannt.

USA. Das Energieministerium der USA beauftragte die Fa. JNAI mit der Ausarbeitung des Projekts für eine Demonstrationsanlage zur Urananreicherung nach dem Laser-Verfahren. Die Montagearbeiten sollen 1981 beginnen, der Versuchsbetrieb 1983. Die Kosten des Vorhabens werden auf 165 Mill. $ veranschlagt, davon 60 Mill. für die Errichtung der Anlage und 105 Mill. für den Versuchsbetrieb über einen Zeitraum von 4 Jahren.

Japan. Zu den aktuellen Problemen beim Betrieb von Siedewasserreaktoren gehört die Entfernung von radioaktiven Korrosionsprodukten (^{59}Fe, ^{54}Mn, ^{58}Co, ^{60}Co) aus dem Wasser, da ihre Ablagerung auf der inneren Oberfläche der Ausrüstungen des Kühlkreislaufs zu einer Erhöhung des Aktivitätspegels führt. Besonders störend ist in diesem Zusammenhang ^{60}Co. Gegenwärtig bearbeitet die Fa. Hitati ein Verfahren zur Entfernung radioaktiver Korrosionsprodukte, das auf ihrer Adsorption an Titanoxid beruht. Versuche mit Co^{2+}-Ionen im Temperaturbereich von 20 ... 280 °C haben ergeben, daß die Adsorptionsfähigkeit von Titanoxid exponentiell mit der Temperatur zunimmt; sie beträgt bei 280 °C 0,1 mg-Äq./g. Aus den erhaltenen Daten folgt, daß zwei Reaktionsmechanismen vorliegen: Bei niedrigen Temperaturen erfolgt eine Ionenaustauschreaktion, bei hohen Temperaturen liegt Chemisorption unter Bildung von $CoTiO_3$ auf der Oberfläche des Titanoxids vor.

Buchbesprechungen

Ludwig Boltzmann — Populäre Schriften

Eingeleitet und ausgewählt von E. Broda. Braunschweig—Wiesbaden: Vieweg & Sohn 1979. IV,290 S. (Reihe Facetten der Physik; Hrsg. R. Sexl) Kartoniert DM 29,80

Der Name *Ludwig Boltzmann* ist in der Physik unvergessen. Heute kennt jeder die *Boltzmann*-Konstante oder Gleichungen, die nach *Boltzmann* benannt werden. Weniger bekannt sind die Umstände, unter denen Boltzmann gewirkt hat, und die mannigfaltigen Widerstände, die er mit seinen Erkenntnissen zu überwinden hatte. Wie ein Märchen mutet es an, daß man zu jener Zeit die Existenz der Moleküle und Atome durchaus noch anzweifeln durfte und in wissenschaftlichen Diskussionen den Partner mit der Frage „Haben Sie schon einmal ein Atom gesehen?" schachmatt setzen konnte.

Boltzmann hat nicht nur Großes in der physikalischen Forschung und Lehre geleistet, sondern auch mit Fleiß die Grundgedanken der Physik durch Vorträge und Schriften einem größeren Kreis von Interessenten nähergebracht. Dabei ist er auch Fragen nachgegangen, die wir heute unter solchen Stichworten wie Erkenntnistheorie oder Verhältnis von Theorie und Praxis klassifizieren würden.

Boltzmanns populäre Schriften sind 1905 bei *J. A. Barth* in Leipzig im Umfang von VII, 440 Seiten erschienen. Nun hat *E. Broda*, der schon durch eine *Boltzmann*-Biographie bekannt ist, die Schriften ausgewählt, die heute noch besonders aktuell sind. Damit ist eine Quelle wieder erschlossen worden, aus der wir — nicht nur in Mußestunden — manche Belehrung schöpfen und die Einsicht ziehen können, daß die Generationen vor uns mit manchen Problemen beschäftigten, die wir als modern und wichtig betrachten.

Die vorliegende Ausgabe wird zweifellos viele interessierte Leser finden.

K. H. Köhler

Isotope and Radiation Research on Animal Diseases and Their Vectors
Proceedings of a Symposium, Vienna, 7—11 May 1979, jointly organized by IAEA and FAO

Vienna: IAEA 1980. 468 S.; zahlr. Abb. und Tab.; Austr. Sch. 680,—

Als Beitrag zum weltweiten Problem der Ernährung sowie der Umweltvergiftung wurde von der Internationalen Atomenergie Kommission gemeinsam mit der FAO vom 7. bis 11. Mai 1979 in Wien ein Symposium über die Anwendung von Isotopen zur Erforschung und Kontrolle tierischer Krankheiten, von Wirt-Pathogen-Relationen und von Kontrollmöglichkeiten für Umweltvergiftung abgehalten. An dem Symposium nahmen 58 Wissenschaftler aus 19 Ländern teil. Der vorliegende Band stellt den Symposiumsbericht dieser Veranstaltung dar. Er enthält 37 Vorträge der unterschiedlichsten Richtungen. Das Generalthema ist in 8 Sektionen unterteilt. Das 1. Kapitel enthält allgemeine Betrachtungen über Zecken, die Tsetse-Fliege und Trypanosomen, wobei u. a. über die Pathogenese von Trypanosomen-Infektionen in Rindern berichtet wurde. Die 2. Sektion behandelt verschiedene Aspekte der Babesiosis und Anaplasmosis, während die 3. Sektion sich mit Trypanosomiasis und Leishmaniose beschäftigt. In der 4. Sektion wird über Insektenrepellents sowie über die Anwendung von isotop markierten Verbindungen zur Untersuchung der chemischen Stabilität von Pestiziden und über die Biotransformation von Lindan in Mammaliern berichtet. Die Sektion 5 umfaßt verschiedene Beiträge zur sterilen Insektentechnik und Sterilitätsinduktion, während in Sektion 6 verschiedene physiologische Isotopenanwendungen diskutiert werden. Die Sektion 7 beschäftigt sich mit einer Reihe von Beiträgen über die Ökologie und das Verhalten der Tsetse-Fliege, und in Sektion 8 werden verschiedene Aspekte der Massenaufzucht der Tsetse-Fliege einschließlich der Computer-Modellierung beschrieben. Der Band ist innerhalb eines knappen Jahres in guter Aufmachung erschienen. Nach jedem Beitrag ist die entsprechende Diskussion angeschlossen, und die meisten Vorträge enthalten ausführliche Literaturhinweise, die ein tieferes Eindringen in die Problematik ermöglichen. Darüber hinaus werden die Chairmen der Sektionen sowie die Liste und Anschriften der Teilnehmer genannt. Ein Autorenindex erleichtert das Auffinden bestimmter Beiträge. Wenn auch das Buch gewisse Spezialitäten aufweist, so ist es doch als interessante Zusammenfassung eines Teilgebietes der Isotopenanwendung zu betrachten. Es wird vor allem Medizinern, Mikrobiologen, Veterinärmedizinern, Zoologen, Entomologen, Parasitologen und Wissenschaftlern verwandter Forschungsrichtungen empfohlen.

H. R. Schütte

„J. V. Kurtschatov"

J. N. Golovin. Moskau: Atomisdat ³1979, (überarbeitet und ergänzt). 160 S., div. Abb. u. Tab.; Pappband M 1,50

Der Verfasser des Buches hat sechzehn Jahre eng mit dem Akademiemitglied Prof. *Igor Vasiljevitsch Kurtschatov* zusammengearbeitet. Sein Buch stellt einen Versuch dar, eine Biographie des großen sowjetischen Wissenschaftlers zu schreiben und erhebt nicht den Anspruch auf Vollständigkeit.

Der Name *Kurtschatovs* ist mit der Entwicklung der Atomforschung, der Herstellung von Kernwaffen und der Errichtung der Atomkraftwerke eng verbunden. *J. V. Kurtschatov* wurde 1903 als zweites Kind eines Försters im Süden der Ural geboren, er besuchte zunächst das Gymnasium und studierte danach in den Wirren des ersten Weltkrieges und der Oktoberrevolution an der Krimuniversität Physik. 1925 bekam er eine Einladung von *A. F. Joffé* an das Physikalisch-technische Institut in Leningrad, dem damaligen Zentrum der Physik in der Sowjetunion, wo er sich mit Problemen der Dielektrizität und Halbleitung befaßte. Zehn Jahre später, beeindruckt durch die weltweite stürmische Entwicklung der Atomphysik, widmete er sein ganzes Talent als Wissenschaftler und Organisator diesem Zweig der Physik. Im zweiten Weltkrieg beschäftigte er sich mit Radaren und Minenschutz der Schiffe. Der militärische Einsatz der Atombombe seitens der USA 1945 in Japan und der angebrochene kalte Krieg zwang die sowjetischen Wissenschaftler, sich beschleunigt mit der Herstellung der Atombombe zu befassen. Mit der Leitung dieses Projektes wurde *Kurtschatov* beauftragt. Am 25. 12. 1946 wurde der erste Uran-Graphit-Reaktor in Europa in Betrieb genommen. Zweieinhalb Jahre intensiver Anstrengungen waren erforderlich, bevor am 29. 8. 1949 die erfolgreiche Erprobung der Atombombe stattfinden konnte. Und am 12. 8. 1953 ist schließlich die Wasserstoffbombe zur Explosion gebracht worden.

J. V. Kurtschatov pflegte alle diese Jahre die Überzeugung daß die menschliche Vernunft eines Tages siegen wird und die wertvollen Kernbrennstoffe für friedliche Zwecke verwendet werden. Zusammen mit weltweit bekannten Atomforschern wie *N. Bohr*, *P. Joliot-Curie*, *L. Pauling* u. a. kämpfte er für den Frieden und das allgemeine Verbot der Atomwaffen. In seinen weiteren Forschungen widmete er sich der kontrollierten thermonuklearen Reaktion.

J. V. Kurtschatov war nicht nur ein talentierter Wissenschaftler und glänzender Organisator, er verfügte über eine alle Hindernisse überwindende Energie. Trotz großen Zeitmangels kümmerte er sich immer um seine Mitarbeiter, da er wußte, daß der Erfolg der Arbeit in den Händen der Leute liegt, die ihm vertrauen und fest an seiner Seite stehen. Das gesamte Risiko der Forschung nahm er auf sich. Die Jahre der unmenschlichen Anspannung und Unrast ruinierten seine Gesundheit und setzten seinen Plänen ein vorzeitiges Ende. *J. V. Kurtschatov* starb am 7. Februar 1960. Seine Pläne aber — die Atomkraftwerke, die kontrollierte thermonukleare Reaktion und die internationale Zusammenarbeit der Wissenschaftler für Frieden und Abrüstung — leben und bekommen in der UdSSR Gestalt durch die von ihm gegründeten und geformten Wissenschaftlerkollektive.

Das Buch ist lebendig und aufgelockert geschrieben und für breite Leserkreise zugänglich, falls es ins Deutsche übersetzt wird.

O. Großmann

Wörterbuch der Technik: Deutsch-Englisch, Englisch-Deutsch

2Bde.; hrsg. von R. Walther. Essen: Girardet 1979, 1046 bzw. 1248 S. (Lizenzausgabe der vierten Auflage von „Polytechnisches Wörterbuch: Deutsch-Englisch, Englisch-Deutsch", VEB Verlag Technik, Berlin); gebunden, insges. DM 220, —

Diese beiden technologischen Wörterbücher mit je ca. 100000 Wortstellen sind so angelegt, daß sie eine Mittelstellung zwischen Allgemein- und Spezialfachwörterbuch einnehmen. Hinsichtlich der Fachterminologie wurde so verfahren, daß zum einen Fachwörter aufgenommen wurden, die zum Grundwortschatz mehrerer Sachgebiete gehören, zum anderen fanden spezielle Termini vor allem aus Fachbereichen Berücksichtigung, die eine Schlüsselrolle innerhalb der heute führenden technischen Disziplinen spielen. Wörter allgemeinen Charakters wurden in dem Umfang aufgenommen, wie dies für den Sprachgebrauch auf dem Gebiet der Technik unerläßlich ist.

Beiden Bänden sind kurze Benutzungshinweise vorangestellt; Verzeichnisse wichtiger Abkürzungen aus der jeweils ersten Sprache befinden sich am Ende.

Diese beiden — sehr gut ausgestatteten — Bände des „Wörterbuchs der Technik" können allen Interessenten wärmstens empfohlen werden.

K. Uhlig

Handbuch der medizinischen Radiologie
Bd. 15: Nuklearmedizin
Teil 1 A: Radiopharmaka, Gerätetechnik, Strahlenschutz

R. Berberich u. a., Red. H. Hundeshagen. Berlin—Heidelberg—New York: Springer 1980. Hrsg.: L. Diethelm u. a. 1980. XX, 722 S. 244 Abb., 65 Tab.; DM 540,— ; US$ 302.40

Innerhalb der Handbuchreihe „Medizinische Radiologie" wird als XV. Band, der aus den selbständigen Teilen 1a, 1b, 2 und 3 besteht bzw. bestehen wird, die Nuklearmedizin abgehandelt. Am hier vorzustellenden Teil XV 1a wirkten 20 Mitarbeiter mit, die auf etwa 700 Seiten die Grundlagenfächer der Nuklearmedizin (Radiopharmakologie, Strahlenschutz) abhandeln.

Im Kapitel Radiopharmaka werden die Erzeugung der wichtigsten Radionuklide und die Herstellung der Radiopharmaka beschrieben sowie die Grundsätze der Pharmakokinetik, der Strahlenbelastung und der Qualitätskontrolle dargestellt. Radionuklidgeneratoren erfahren eine gesonderte Behandlung. Die Abschnitte über die Herstellung von Radionukliden im Reaktor bzw. Zyklotron ergänzen die Ausführungen über die Radiopharmaka. — Im zweiten, „Technik" genannten Kapitel erfolgt einleitend die Erläuterung der wichtigsten strahlenphysikalischen Grundlagen. Als Strahlendetektoren werden gasgefüllte Zähler, Halbleiterdetektoren und Szintillationszähler ausführlich beschrieben, an die sich eine Darstellung der wichtigsten elektronischen Baugruppen und Geräte anschließt, bevor ganze Labor-, Funktionsmeßplätze, Ganzkörperzähler einschließlich ihrer klinischen Anwendung sowie Scanner und Gammakameras beschrieben werden. Die Anwendung der EDV auf Funktionskurven und statische Bilder beschließt diesen Abschnitt. — Das ungewöhnlich lange, aber erfreulich ergiebige Kapitel über Strahlenschutz beschreibt das MIRD-Konzept zur Ermittlung von Strahlenbelastungen und enthält dafür ausführliche Tabellen. Strahlenschutzmeßtechnik, Abfallbehandlung und Planung neuer Abteilungen vervollständigen die Darstellungen. Autoren sowie ein deutsches und englisches Sachwortregister findet man am Ende des Bandes. — Trotz des großen Umfanges von etwa 700 Seiten konnten die modernen technischen Entwicklungen, z.B. der Emissionscomputertomographie und der EDV, nicht aufgenommen werden. Das soll im Teil XV 1b geschehen. — Dem Herausgeber ist es gelungen, u. a. gute Beiträge von profilierten Vertretern ihres Faches zusammenzufügen. Daß das nicht immer lückenlos oder ohne Überschneidung, in einheitlicher Diktion und Terminologie gelingt, ist ein bekanntes Merkmal solcher Werke. Eine Zusammenfassung der wichtigsten, in den einzelnen Abschnitten verstreuten, Tabellen am Ende des Bandes, zumindest aber ein diesbezügliches Inhaltsverzeichnis hätte das Handbuch handlicher gemacht. Es sollte zum Bücherbestand jeder nuklearmedizinischen Abteilung gehören.

B. Polschwadek

Informationen

BRD. Vom 23.—26. März 1981 findet in der Kernforschungsanlage Jülich (KFA) die „4. Internationale Konferenz über stabile Isotope" statt, organisiert von der „Arbeitsgemeinschaft Stabile Isotope", die von der KFA gefördert wird.

Hauptthemen der Konferenz sind:

I Methodology, including labelling techniques and analysis and scope of analytical methods (MS, NMR, IR)

II Application of stable fracers in pharmacology, toxicology and in clinical diagnosis

III Cause and interpretation of isotope effects and the fractionation of isotopes in biological systems

IV Applications of stable isotopes in biochemistry, life sciences and agriculture

V Stable isotope research in respect to geochemical and environmental aspects.

D. Mueller, P. Morgenstern, W. Riedel, N. A. Anders, A. A. Vaygachev, V. P. Varvaritsa, V. S. Ysayev, B. E. Kolesnikov, S. V. Mamikonyan, V. I. Filatov, J. M. Shokine

An X-Ray-Radiometric Multichannel Analyzer for Light Elements with Proportional Scintillation Detector

Isotopenpraxis 17 (1981) No. 1, p. 12 to 16
5 Fig., — Tab., 4 Ref.

A roentgen analyzer for light elements developed in cooperation between the Central Institute of Isotope and Radiation Research of the Academy of Sciences of the GDR, at Leipzig, and the All-Union Research Institute of Radiation Technology, at Moscow, is described. The excitation of the characteristic roentgen radiation is achieved by means of alpha particles from a suitable radioactive source, with excitation efficiency being high and bremsstrahlung background being negligible. Detection of alpha particles is provided by a proportional scintillation detector having a high counting efficiency and a resolving power surpassing that of a proportional counter by about two orders of magnitude. The experimental results yielded so far are promising for biology, medicine, ceramic industries, power industries and other branches of national economy.

P. Popp

An Environmental Gas Chromatograph with Ionization Radiation Detectors

Isotopenpraxis 17 (1981) No. 1, p. 17 to 21
3 Fig., 3 Tab., 10 Ref.

An environmental gas chromatograph (UGC) developed in the Central Institute for Isotope and Radiation Research, Leipzig of the Academy of Sciences of GDR is described. The detection system of this device, consisting of two radiation ionization detectors and one flame ionization detector is chracterized with respect to principles, performances and application fields.

H.-J. Große

Sensitivity and Detection Limit of an Ionization Chamber for Aerosols

Isotopenpraxis 17 (1981) No. 1, p. 21 to 27
4 Fig., 1 Tab., 14 Ref.

On the bais of a previous paper a calculation of the sensitivity and the detection limit of an ionization chamber for the detection of aerosols with homogeneous distribution of the primarily produced charge carrier is achieved. Because several authors use space charge effects to the improvement of these parameters, the calculations for chambers with inhomogeneous ionization have been expanded. The validity of the derived correlations was experimentally studied and their application was discussed for the construction and optimization of such equipments for practical use (e.g. air pollution measurement, ionization smoke detectors).

J. Flachovsky

Problems in the Determination of Elementspecific Material Distribution and Balances by Using Activation Techniques

Isotopenpraxis 17 (1981) No. 1, p. 27 to 31
8 Fig., 1 Tab., 5 Ref.

The determination of material distribution especially in metallurgy is possible by using activation techniques and measuring the activity distribution. The application of the isotope dilution principle allows the quantitative determination of melting products in the ton range. The determination error is primarily a function of the precise knowledge of activity amounts added to the system. The system isotopic and chemical isotopic labelling of large scale material volumes is

Д. Мюллер, П. Моргенстерн, В. Ридель, Н. А. Андерс, А. А. Вайгачев, В. П. Варварица, В. С. Иссаев, Б. Э. Колесников, С. В. Мамиконьян, В. И. Филатов, И. М. Шокин

Многоканальный рентгено-радиометрический анализатор для легких элементов с пропорциональным сцинтилляционным детектором

Isotopenpraxis 17 (1981) вып. 1, стр. 12 до 16
5 рис., — табл., 4 лит.

Описывается разработанный в сотрудничестве между Центральным Институтом Изотопных и Радиационных Исследований АН ГДР в г. Лайпциге и всесоюзным Исследовательским Институтом по Радиационной Технике в г. Москве рентгеновский анализатор для легких элементов. Возбуждение характеристического рентгеновского излучения осуществляется альфа-частицами от соответствующего радиоактивного источника, при чем эффективность возбуждения велика, а фон тормозного излучения — пренебрежимо малый. Для обнаружения альфа-частиц используется пропорциональный сцинтилляционный детектор, который имеет высокую эффективность счета и разрешающую способность, превышающую ту пропорционального счетчика примерно на два порядка. Полученные экспериментальные данные обещают возможность применения в биологии, медицине, керамической промышленности, энергетике и других отраслях народного хозяйства.

П. Попп

Газовой хроматограф с детекторами ионизации излучением для контроля окружающей среды

Isotopenpraxis 17 (1981) вып. 1, стр. 17 до 21
3 рис., 3 табл., 10 лит.

Описывается разработанный в Центральном Институте по Изотопным и Радиационным Исследованиям АН ГДР газовый хроматограф, основное назачение которого — контроль окружающей среды. Особое значение нужно придавать системе детекторов, состоящей из двух детекторов ионизации излучением, которые по пяти режимам работы в состоянии определить следы микроэлементов, и одного детектора пламенной ионизации. Данная система детекторов характеризуется относительно ее способа действия, областей применения и параметров эффективности. На примере (измерения введения CO) показывается, каким образом можно вывести пригодность системы для решения определенной аналитической проблемы исхода из ее параметров эффективности и возможностей обогащающего отбора проб.

Х.-И. Гроссе

Чувствительность и предел детектирования ионизационной камеры для обнаружения аэрозолей

Isotopenpraxis 17 (1981) вып. 1, стр. 21 до 27
4 рис., 1 табл., 14 лит.

На основании прежней работы в настоящей публикации расчетом определяются чувствительность и пределе детектирования ионизационной камеры для обнаружения аэрозолей при однородном распределении получаемых первичных носителей заряда. В виду того, что некоторые авторы использовали эффекты пространственного заряда для улучшения данных параметров эффективности, настоящие расчеты также выполняются применительно к камерам с неоднородной ионизацей. Действительность выведенных взаимоотношений обсуждается на экспериментах, а их пригодность для димерсионирования и оптимизации ионизационных камер для практических измерений (например в области защиты окружающей среды и противопожарной охраны) рассматривается.

И. Флаховский

Проблемы определения зависящего от специфики элементов распределения веществ и материальных балансов с помощью активационной техники

Isotopenpraxis 17 (1981) вып. 1, стр. 27 до 31
8 рис., 1 табл., 5 лит.

Определение материального баланса многокомпонентных систем, особенно когда, например в металлургии, оно должно выполняться специфически по элементам, осуществляется путем определения поверхностных интегралов селективных по энергии скоростей счета. При этом, применение принципа изотопного разбавления позволяет удобно выполнить измерение количеств в замкнутых системах в пределах тонн. Погрешность измерения помимо знания о параметрах

[illegible]

detectors).

Problems in the Determination of [illegible] Material Distribution and Balances by Using Activation Techniques

Isotopenpraxis 17 (19[illegible]) [illegible]

5 Fig., 1 Tab., [illegible] Ref.

The determination of material distribution especially in [illegible] is possible by using activation techniques and measuring the activity distribution. The application of the isotope dilution principle allows the quantitative determination of [illegible] products in the [illegible]. The determination [illegible] a function of the [illegible] knowledge of activity amounts [illegible] the system. The system [illegible]

[illegible]

Проблемы определения [illegible]

[illegible]

Isotopenpraxis 17 (1981) [illegible]

[illegible]

Es wurde eine Absorbermethode entwickelt, nach der die Nuklidkonzentrationen direkt am Erzeugungsort der Briketts (Brikettpresse) bestimmt werden können. Der Vergleich mit der energiedispersiven Gamma-Spektrometrie zeigt gute Übereinstimmung.

E. Maul, Pham Nhiem, J. Koch

Aktivierungsanalytische Prozeßkontrolle der Katalysatorkonzentration bei der Flüssigphasenoxydation aliphatischer und aromatischer Kohlenwasserstoffe

Isotopenpraxis 17 (1981) H. 1, S. 33 bis 35
2 Abb., 1 Tab., 12 Lit.

Es wird eine Methode zur Bestimmung der Katalysatorkonzentration in Prozessen der Flüssigphasenoxydation beschrieben, die auf der Kernreaktion $^{55}Mn(n,\gamma)^{56}Mn$ basiert. Die Aktivierung erfolgt mit einer ^{238}Pu/Be-Neutronenquelle, und die Messung wird mit einem NaJ(Tl)-Detektor in Verbindung mit einem Einkanalanalysator durchgeführt.

P. Hecht, R. Otto, G. Kühn

Tracertechnische Untersuchungen zur Bestimmung der Mischzonenlänge in Pipelines

Isotopenpraxis 17 (1981) H. 1, S. 35 bis 37
3 Abb., – Tab., 4 Lit.

Mit Hilfe der Radiotracermethode wurde das Durchlaufzeitverhalten und die Vergrößerung von Mischzonen, die bei Sortenumschaltungen zwischen unmittelbar aufeinanderfolgenden unterschiedlichen Erdölsorten auftreten, entlang einer längeren Erdölleitung untersucht. Zur Markierung diente ^{82}Br in Form von Brombenzol. Für jeweils längere Streckenabschnitte wurde die Durchlaufzeitkurve der Aktivitätskonzentration ermittelt. Bei den Untersuchungen wurden größere Mischzonenvolumina gefunden, als sie sich nach üblichen Berechnungsmethoden ergeben; andererseits liegen die gefundenen Werte noch unter den aus Dichtebestimmungen erhaltenen Mischzonenvolumina.

Informationen

Isotopenpraxis 17 (1981) H. 1, S. 37 bis 38 u. 40

Buchbesprechungen

Isotopenpraxis 17 (1980) H. 1, S. 38 bis 40

Contents of this Issue

Bei Fragen zur Produktsicherheit wenden Sie sich bitte an:
If you have any questions regarding product safety,
please contact:

Walter de Gruyter GmbH
Genthiner Straße 13
10785 Berlin
productsafety@degruyterbrill.com